计算机应用专业

计算机动画设计——Animate CC

JISUANJI DONGHUA SHEJI——Animate CC

（第 5 版）

主　编　史少飞

副主编　苑依琳　史若林

U0213456

高等教育出版社·北京

内容简介

　　本书以 Animate 的最新版本——Animate CC 2019 为例，系统介绍 Animate 常用功能的使用方法。知识的讲解由浅入深、循序渐进，合理编排各章内容。每一章的实训题覆盖了本章所有的知识点，所选经典实训题简明实用，初学者能够轻松掌握。请登录 http://abook.hep.com.cn/sve，可获取本书所有实训题的原文件，读者在学习时可以参照对比，快速地掌握动画的制作技巧，登录网站的详细说明见本书书末"郑重声明"页。

　　ActionScript 3.0 是一个功能强大的脚本编程语言，但由于学习难度较大，本书不做详细讲解，仅从实用角度出发，介绍几条常用命令。

　　本书内容翔实、图文并茂，可作为中等职业教育或成人教育的教学用书，也可供计算机爱好者自学之用。

图书在版编目（ＣＩＰ）数据

　　计算机动画设计：Animate CC ／ 史少飞主编 . -- 5 版 . -- 北京 ：高等教育出版社，2021.8
　　计算机应用专业
　　ISBN 978-7-04-056421-1

　　Ⅰ. ①计…　Ⅱ. ①史…　Ⅲ. ①动画制作软件-中等专业学校-教材　Ⅳ. ①TP391.414

　　中国版本图书馆 CIP 数据核字（2021）第 131945 号

策划编辑	赵美琪	责任编辑	李宇峰	封面设计	姜　磊	版式设计	徐艳妮
插图绘制	邓　超	责任校对	王　雨	责任印制	刁　毅		

出版发行	高等教育出版社	网　　址	http://www.hep.edu.cn
社　　址	北京市西城区德外大街4号		http://www.hep.com.cn
邮政编码	100120	网上订购	http://www.hepmall.com.cn
印　　刷	山东百润本色印刷有限公司		http://www.hepmall.com
开　　本	889 mm×1194 mm　1/16		http://www.hepmall.cn
印　　张	11	版　　次	2003 年 6 月第 1 版
字　　数	300 千字		2021 年 8 月第 5 版
购书热线	010-58581118	印　　次	2021 年 8 月第 1 次印刷
咨询电话	400-810-0598	定　　价	29.60 元

前　言

　　Animate 是 Adobe 公司的一款软件产品，用于制作二维动画。主要特点：生成的动画文件容量小，适合网络传输；动画制作简单，容易上手，适合初学者学习；动画效果好，许多影视作品、新闻中的现场模拟等都是使用 Animate 制作的；具有很强的交互功能，由此产生了大量的 Animate 动画游戏。

　　本次修订采用 Animate 的最新版本——Animate CC 2019，在上一版的基础上增加了新增功能的讲解，组合了相近知识点，整合了关联插图，纠正了一些模糊概念。调整了部分内容的讲述顺序，使知识更前沿，逻辑更严谨，效果更直观，学习更顺畅。

　　1. 将动画编译菜单命令、复制粘贴对象等编辑菜单命令、放大缩小等视图菜单命令调整到第 1 章常用菜单中进行讲解，读者虽然还没有开始制作动画，但有使用其他软件的基础，这些知识点完全可以理解，调整后知识结构更合理了。

　　2. 将绘图工具的讲解调整到了选取工具前面，选取工具虽然在工具箱的最上面，调整后讲解选取工具时读者就可以绘制需要操作的图形，更容易理解选取工具的用法，使学习更加顺畅。

　　3. 将对象绘制概念调整到图形绘制的讲解中，初学者绘制图形时如果误选对象绘制按钮可能无法实现最终的效果，调整后可以降低初学者误操作的概率。

　　4. 对 Animate 新增的旋转工具、时间滑动工具、宽度工具和资源变形工具、组合图形的分离方法等进行了补充讲解。删除了 Animate 不再提供的 deco 工具、容器和流等功能的叙述。

　　5. 新增了柔化工作原理的讲解，使读者知其然也知其所以然。新增了 HSB 颜色的讲解，这种颜色模式主要针对专业设计人员，使读者对这种颜色模式有所了解。

　　6. 更详细地分析了锁定填充的原理和操作步骤，讲解了笔触和填充的区别，叙述了对各类帧的操作。

7. 将图形的分离和组合操作进行了分类，使条理更清晰。

8. 优化了对齐、分布、匹配大小、间隔等操作的插图，优化了补间动画、元件与实例动画等操作的插图，使操作效果更直观。

9. 将位图的分离、文字的分离、组合图形的分离整合在一起讲解，结构更合理，知识更容易掌握。

10. 将元件和实例的概念前移，因为导入舞台的位图是实例，许多动画是建立在元件和实例的基础上，修改后可能增加些理解难度，但操作更准确不容易出错。

11. 更准确地分析了图形元件动画和影片剪辑动画的区别，以及影片剪辑在按钮动画中的应用。

全书共分为 7 章。第 1 章介绍 Animate CC 2019 的基本操作，熟悉工作界面、了解基本菜单的功能和掌握面板的操作方法等。第 2 章讲解各类绘图工具的使用，绘制简单图形及其组合。第 3 章讲解复杂图形的制作，包括颜色面板、渐变色、文字对象、修改形状、排列对象和位图图像。第 4 章讲解简单动画的制作，包括逐帧动画、传统补间动画、补间动画和补间形状动画等。第 5 章讲解图层的使用，包括普通图层、引导层和遮罩层。第 6 章讲解元件的使用，包括图形元件、影片剪辑元件和按钮元件。第 7 章介绍了透视的基本原理，讲解制作 3D 动画和骨骼运动动画的方法，初步了解脚本语言 Actionscript 3.0 的使用界面和几个基本命令。本书作者都具有多年一线教学经验，熟悉学生特性，能够恰当地掌握各部分知识的深度和难度，语言叙述朴素严谨，讲述内容深入浅出。本书已经过多次修订，在修订过程中吸收了企业的反馈意见，使其更适应学生发展。

本书图文并茂、生动有趣，并配套支持数字化学习的资源。按照书末最后一页"郑重声明"下方的"学习卡账号使用说明"，登录 http://abook. hep. com. cn/sve 可以下载配套的教学资源。

本书第 1、2 章由史少飞编写，第 3、4 章由苑依琳编写，第 5 章由史若林编写，第 6 章由王顺体编写，第 7 章由张凤萍编写。由于作者水平有限，难免有疏漏之处，恳请读者批评指正。读者意见反馈邮箱 zz_dzyj@ pub. hep. cn。

编　者

2021 年 2 月

目　录

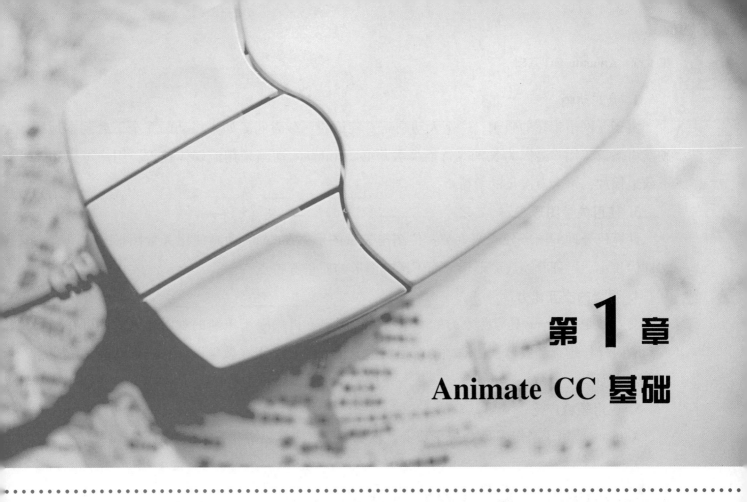

第1章
Animate CC 基础

1.1 Animate CC 概述

Animate CC 是 Adobe 公司的一款软件产品，由 Flash Professional CC 2015 升级并更名而来，Animate CC 是一款动画制作、网页设计和多媒体创作的软件。本书以 Adobe Animate CC 版本为例介绍 Animate 动画的制作方法。

Animate 具有体积小、不同系统播放效果一致、流式播放、矢量图像、交互功能强大等特点。

1. 插件技术

用户在浏览器中安装 Animate 动画专用的播放器——Flash Player，使 Flash Player 成为浏览器的一部分，当浏览的网页中有 Animate 动画时，浏览器自动调用 Flash Player 插件，由 Flash Player 播放该动画，浏览器将动画显示在网页的指定区域。由于动画由专用的播放器进行播放，与浏览器无关，因此在不同的设备平台上（如台式计算机、平板电脑、智能手机或电视等），动画都能呈现一致的效果。

插件技术还大大缩小了动画文件的尺寸，用很小的字节量即可实现高质量的动画效果，也满足了网络高速传输的需要。

2. 流式动画

由于受网络带宽的限制，一个大动画需要较长的下载时间。如果将动画完全下载到本地硬盘再播放，用户会因为长期等待而失去耐心。Animate 动画采用流媒体技术，用户可以边下载边播放，不会有漫长的等待。

3. 使用矢量图形

计算机处理的图形分成两大类：位图与矢量图形。Animate 动画使用矢量图形，它具有文件体积小、可任意缩放图形尺寸而不影响图形的质量等特点。

4. 强大的交互能力

交互性是 Animate 具有竞争力的一个特性。用户不再局限于单纯的观看动画，还可在播放动画时操作键盘和鼠标，使动画的流程发生变化，主要应用在教学课件、广告动画和游戏制作等方面。

5. 应用领域广泛

Animate 应用于制作 MTV、电子贺卡、教学课件、广告、游戏等很多领域。

1.2 Animate CC 2019 的界面

1.2.1 Animate CC 2019 的启动界面

启动 Animate CC 2019，显示启动界面，如图 1-1 所示。该界面主要由主屏或学习、打开、创建和示例文件等几部分组成。

1. 主屏或学习

在图 1-1 所示界面，单击"学习"按钮，屏幕将变为"学习"界面，如图 1-2 所示，系统提供了教学视频，帮助初学者快速掌握软件的使用。

2. 打开

"打开"按钮下面列出了用户近期使用过的文档，用户可单击项目名称打开相应的文档。单击"打开"按钮，弹出"打开文件"对话框，可在"打开文件"对话框中选择文档并打开。

3. 创建

Animate CC 2019 提供了角色动画、社交、游戏、教育、广告、Web、高级等不同的工作模式，用户根据动画的类型进行选择。在模式的下方选择动画的分辨率，左边区域为预设的分辨率，单击相应按钮进行选择。如果预设的分辨率不能满足用户的需要，用户可在右边区域输入水平分辨率和垂直分辨率。

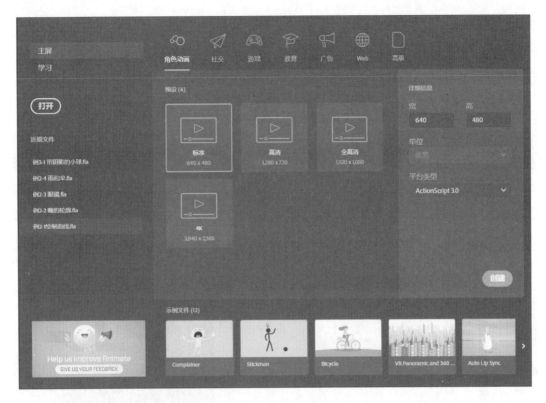

图 1-1　启动界面

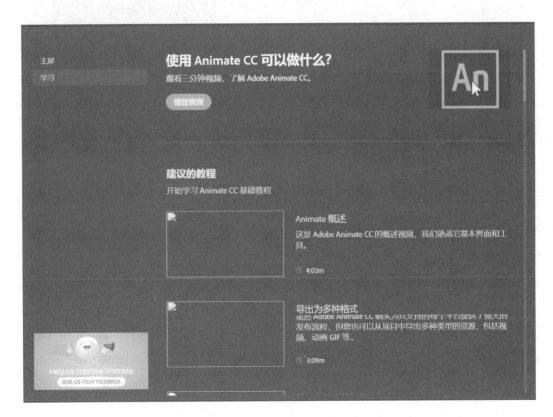

图 1-2　"学习"界面

4. 示例文件

Animate CC 2019 提供了十几个示例动画，初学者可以参考这些动画的制作方法，或对这些动画进行更改，成为自己的动画。

1.2.2 Animate CC 2019 的工作界面

Animate CC 2019 的工作界面主要由菜单栏、文档选项卡、舞台和工作区、图层和时间轴、面板栏等部分组成，如图 1-3 所示。用户可根据自己的爱好更改工作界面，如果用户想要恢复系统的初始界面，可单击菜单"窗口"→"工作区"→"重置……"命令恢复。

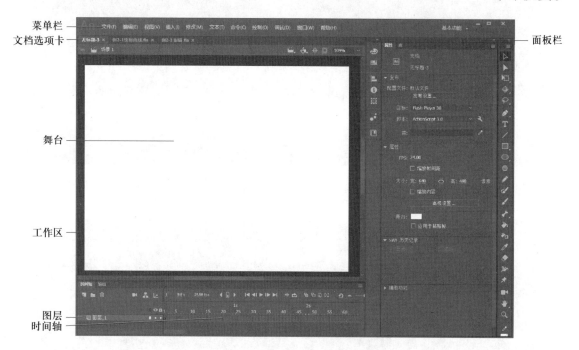

图 1-3 Animate CC 2019 工作界面

1. 菜单栏

菜单栏包含了 Animate CC 2019 的大部分功能。

2. 文档选项卡

Animate CC 2019 是一款多文档处理软件，当打开或新建一个文档，文档窗口的顶部会出现显示该文档名的选项卡，单击相应的文档选项卡可打开对应的文档，用户可方便地在各文档之间进行切换。

3. 舞台

Animate CC 2019 中的舞台与剧院里的舞台一样，所有的 Animate 动画都是在这里表现出来，用户可在舞台之外绘制动画，但只有舞台上的动画才能被显示。

4. 工作区

工作区指舞台周围的灰色区域，播放动画时该区域的内容是不显示的。但可在灰色区域中制作动画，通常用做动画的开始或结束点。

5. 面板栏

Animate CC 2019 包含多种类型的工具面板，每一个面板都有特定的功能，可进行图形的绘制、修饰，运动的调整，程序的编写等。根据所做的工作需要，用户可打开、关闭、展开和折叠面板，或移动面板的位置。

6. 图层

与其他优秀图形图像处理软件一样，Animate 也提供了图层的功能，用户可在一个图层上随意地修改该层的图形而不影响其他图层的图形，也可在不同的图层制作不同的动画，实现复杂的动画效果。

7. 时间轴

Animate 动画与放映电影的原理相似，将一系列相似的图画快速地逐帧显示出来，利用人眼的视觉暂留特性形成动画。时间轴上的每一小格称为一帧，代表一幅画面，单击时间轴上的某一帧，则在工作区上显示该帧的画面。

1.3 Animate CC 2019 的基本操作

1.3.1 常用菜单

1. 文件菜单

图 1-4 所示为文件菜单的下拉菜单，一些下拉菜单命令的右边有快捷键。按快捷键操作和鼠标选择该菜单命令项操作具有相同的功能。

"新建"：重新建立一个 Animate 文档。

"打开"：打开一个已有的文件。选择此命令将弹出"打开"对话框，选择文件夹和文件名，单击"打开"按钮将打开该文件。

"打开最近的文件"：为二级下拉菜单，包含最近打开过的文件，可快速打开最近使用过的文档。

"关闭"：关闭当前文档，如果文档没有保存，系统会弹出"保存文档"对话框，如图 1-5 所示。如果需要保存选择"是"，弹出"另存为"对话框，如图 1-6 所示，用户需给出保存路径、文档名和保存类型。如果不需要保存选择"否"，则放弃对当前文档的修改。如果选择"取消"，系统不做任

图 1-4 文件菜单

何操作，关闭当前对话框，回到原来的编辑状态。

图 1-5　是否"保存文档"对话框

图 1-6　"另存为"对话框

"全部关闭"：关闭所有打开的文档，如果其中有的文档没有保存，系统将弹出对话框提示是否保存。

"保存"：将当前文档的修改保存到磁盘上，经常执行此操作可减少因断电、死机等事故造成的操作丢失。如果当前文档是新建文档，执行此命令时系统将弹出"另存为"对话框，要求用户给出保存路径和文件名。

"另存为"：将当前文档保存为另外一个名称或另外一个类型。执行此命令时系统将弹出"另存为"对话框，要求用户给出保存路径、文件名和文件类型。

"全部保存"：将当前打开的文档全部保存。如果其中有新建的文档，系统将弹出"另存为"对话框，要求输入保存路径、文件名和文件类型。

"发布设置"：单击此命令弹出如图 1-7 所示"发布设置"对话框，在对话框中可设置编译的各种参数，一般不用改变。

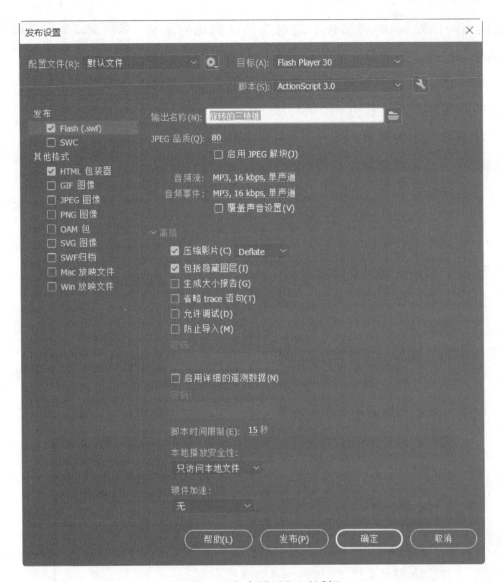

图 1-7 "发布设置"对话框

"发布"：将当前文档编译为 .swf 的动画文件。Animate 源文件的扩展名为 .fla，源文件易修改，不利于保护知识产权。将源文件进行编译，生成文件名不变、扩展名为 .swf 的文件。.swf 文件不能编辑，使用专门的播放器 Flash Player 播放动画，或嵌入网页中随网页发布。

2. "编辑"菜单

图 1-8 所示为"编辑"菜单的下拉菜单，包括常用的编辑操作。

"撤销"：撤销上一次的操作。在图 1-8 中，上一次的操作是移动。

"重复"：重复上一次的操作。在图 1-8 中，上一次的操作是移动。

"剪切"：剪切掉选定的对象，放在计算机的剪贴板上。

"复制"：将选定的对象复制到计算机的剪贴板上。

"粘贴到中心位置"：将剪贴板上的对象粘贴到舞台的中心。

"粘贴到当前位置"：将剪贴板上的对象粘贴到源对象被剪切或复制时的位置，如果源对象还在原来的位置，执行此操作后粘贴生成的新对象将与源对象重合，视觉上看是一个对象，将上面的对象移开才能看到下面的对象。

"清除"：删除选定的对象。

"直接复制"：选定源对象，执行此操作时不经过剪贴板，直接在舞台上生成源对象的一个副本，生成的副本在源对象的附近。

"全选"：选择全部对象。

"取消全选"：取消全部对象的选择。

"反转选区"：取消已选择的对象，选取没有选择的对象。

3. "视图"菜单

图1-9所示为"视图"菜单的下拉菜单。

"放大"：每执行一次，显示效果放大为原来的2倍。舞台连同它上面的所有对象均放大为原来的2倍。

图1-8 "编辑"菜单

图1-9 "视图"菜单

"缩小"：每执行一次，显示效果缩小为原来的1/2。舞台连同它上面的所有对象均缩小为原来的1/2。

"缩放比率"：含有下级菜单，下级菜单中有一些固定缩放比率，可按快捷键快速执行。

"符合窗口大小"：多数情况下舞台的宽高比与窗口的宽高比不同，不可能即显示全部舞台又正好覆盖整个窗口。执行此操作，使舞台的宽度等于窗口的宽度，舞台的高度不超过窗口的高度，或舞台的高度等于窗口的高度，舞台的宽度不超过窗口的宽度。"舞台居中"：舞台处在窗口的中央。"剪切到舞台"：该菜单项为复选项，如果该项左边出现"√"符号，表示选中该菜单选项，此时只显示舞台内的对象，舞台外的对象不可见。

"标尺"：为复选项，选中此项，在工作区的上边出现了一条水平标尺，左边出现一条垂直标尺；再次执行该命令，菜单左边的"√"符号消失，工作区上的标尺也消失。选中"标尺"项，鼠标在上边的标尺上按下并向下拖动，可以拖出一条水平的辅助线，按住左边的标尺并向右拖动，即可拖出一条垂直的辅助线。可从标尺上拖出多条辅助线。鼠标拖动工作区中的辅助线可上下或左右移动，将辅助线拖回到标尺上即删除辅助线。

"网格"：此项下的"显示网格"命令为复选项，显示或关闭网格，如图 1-10 所示。为了使对象定位准确，可在工作区四周加上标尺，或给舞台加上网格和辅助线，网格和辅助线只在制作动画期间起辅助定位作用，在动画播放时不会显示。

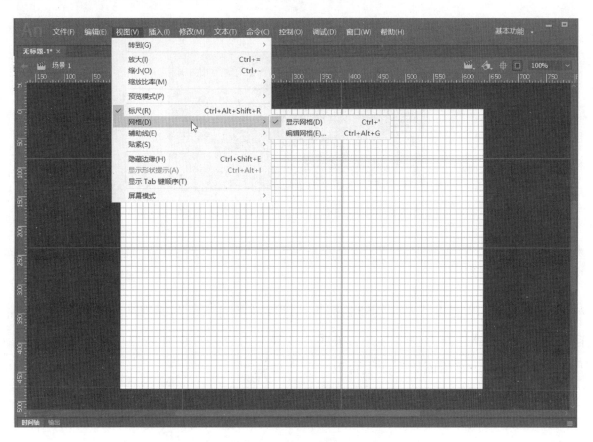

图 1-10　标尺、辅助线、网格

"辅助线"：如图 1-11 所示。"显示辅助线"：工作区上将显示辅助线；"锁定辅助线"：辅助线将被锁定，不能移动或更改颜色等；"清除辅助线"：将清除所有的辅助线；"编辑辅助线"：弹出"辅助线"对话框，如图 1-12 所示。在对话框中可以设置"辅助线"的颜色等。

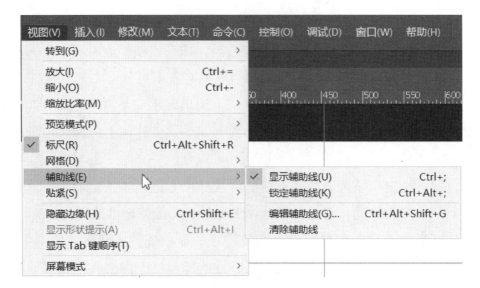

图 1-11 "辅助线"菜单

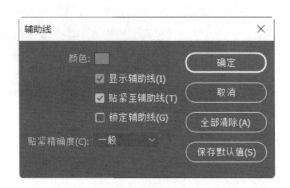

图 1-12 "辅助线"对话框

1.3.2 面板的使用

Animate CC 2019 提供了不同功能的面板，这些面板对于动画的修饰和编辑起着非常重要的作用。用户可根据操作方便性打开、关闭、展开、折叠各种面板，也可将面板拖放在窗口的任意位置，或将功能相似的面板组合成一个面板组。

1. 打开面板

单击"窗口"菜单，如图 1-13 所示。该菜单下的选项对应不同的操作面板，有"√"符号的选项表示该面板已经打开。通过单击不同选项可打开或关闭该面板。

2. 移动面板

拖动面板标题栏，可将面板放置在窗口的任意位置。

3. 组合面板

当打开多个面板时，工作区域会显得过于杂乱，我们可将多个面板组合在一起，形成面板组。拖动一个面板移到另一个面板的上面，当移动的面板变为虚框时松开鼠标，两个面板即组合成一个面板组，如图 1-14 所示。在面板组中，每个面板的标签排列在面板组的最上面，单击面板标签可以在各个面板之间切换。

图 1-13 "窗口"菜单

图 1-14 组合面板

4. 拖出面板组

鼠标按下并拖动面板组中的某一个面板的标签，即可将该面板从面板组中拖出。

5. 折叠和展开面板组

在面板或面板组的右上角有一个双箭头，双箭头方向向左表示该面板处于展开状态，鼠标移动到双箭头上出现提示"折叠为图标"。单击双箭头，面板折叠，同时双箭头方向变为向右。如果面板处于折叠状态，鼠标移动到双箭头上出现"展开面板"提示，单击双箭头，面板展开，如图 1-15 所示。

6. 改变面板组中各面板的排列顺序

鼠标拖动面板的标签并左右移动，即可改变该面板在面板组中的排列顺序。

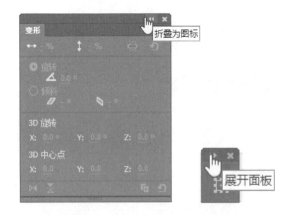

图 1-15　折叠和展开面板

7. 关闭面板或面板组

为了使窗口更整洁，可关掉不用的面板或面板组。单击面板或面板组右上角的"关闭"按钮，即可关闭该面板或面板组。右击某一个标签，弹出快捷菜单，如图 1-16 所示。其中，"关闭"表示关闭该面板；"关闭选项卡组"表示关闭该面板组；单击"最小化"，该面板组将只剩下标签栏。右击最小化面板组的标签，弹出快捷菜单，如图 1-17 所示，可以看出"最小化"选项变为"展开面板"。

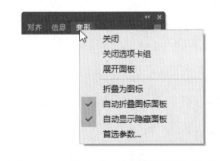

图 1-16　面板的快捷菜单　　　　图 1-17　最小化面板组的快捷菜单

8. 停靠面板组

可将面板组固定放置在窗口的上边、下边、左边、右边。拖动面板或面板组到窗口的某一边，当出现虚框时松开鼠标，面板或面板组即固定到窗口的边框上，如图 1-18 所示。同样，也可将面板或面板组从窗口的边框上拖出，放置在窗口的任意位置。

9. 取消拖动操作

在拖动的过程中如果按"Esc"键，则取消拖动操作。

图 1-18　停靠面板组

1.3.3　设置文档属性

文档属性主要有放映速度、背景颜色和屏幕大小等。选择菜单"修改"→"文档"命令，弹出"文档设置"对话框，如图 1-19 所示，其主要项的含义如下。

图 1-19　"文档设置"对话框

"单位"：动画尺寸的单位，单击此按钮，弹出可供选用的单位，有"英寸""点""毫米"和"厘米"等，系统默认单位是"像素"。

"舞台大小"：更改宽和高的数值可以设置动画的尺寸。默认是宽：640 像素；高：480 像素。如果选中"匹配内容"，舞台的尺寸不固定，用户可先制作动画，舞台大小随舞台的内容自动改变。

"舞台颜色"：用于设置影片的背景颜色，单击此按钮，弹出一个颜色面板，用户可选择一种颜色作为动画的背景颜色。

"帧频"：用于设置影片的播放速度，单位是帧/s。默认值是 24 帧/s，用户可以输入其他数据，定义自己的放映速度。

第**2**章

绘制图形

优美的画面是一个优秀动画作品的必要条件，Animate CC 2019 有一个功能强大的绘图工具箱，包含各种绘图工具，使用这些绘图工具可绘制出精美的图形。如果窗口上没有绘图工具箱，选择菜单"窗口"→"工具"命令，调出绘图工具箱。绘图工具箱一般停靠在窗口的最右侧，可用鼠标将其拖出，使其悬停在舞台的任意位置。鼠标拖动工具箱的边沿可改变工具箱的宽度和高度，图 2-1 所示为将工具箱调整为两列。

移动鼠标到"绘图工具"上，在鼠标下方出现该"绘图工具"的名称，单击此绘图按钮，绘图按钮变为深色，表示被选中。在舞台上按住鼠标左键并拖动即可绘制图形。有的按钮右下角有一个小箭头，表示此按钮下包含多个绘图工具。鼠标左键长按此按钮，弹出它所包含的工具，如图 2-2 所示。

绘图工具箱中的工具按功能分为以下几类：

（1）选择和变形对象栏：包括"选择工具""部分选取工具""任意变形工具""3D 旋转工具"和"套索工具"。

（2）绘制图形工具与文字工具栏：包括"钢笔工具""文本工具""线条工具""矩形工具""椭圆工具""多角星形工具""铅笔工具""笔触画笔工具"和"填充画笔工具"。

（3）特殊效果栏：包括"骨骼工具""颜料桶工具""墨水瓶工具""滴管工具""橡皮擦工具""宽度工具"和"资源变形工具"。

（4）视图栏：包括"摄像头""手型工具"和"缩放工具"。

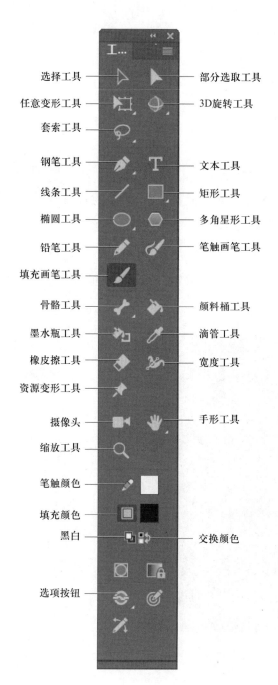

图 2-1 绘图工具箱

图 2-2 长按"矩形工具"按钮

（5）颜色栏：包括"笔触颜色""填充颜色""黑白"和"交换颜色"。

（6）选项栏。位于工具箱的最下面，它为绘图工具提供了一些增强功能。选项按钮的名称和数量不固定，随所选择的绘图工具而改变，图 2-1 所示为"填充画笔工具"的 5 个选项按钮。

2.1　绘制图形工具

2.1.1　线条工具

1. 功能和使用方法

绘制直线。单击"线条工具"按钮，在舞台中按住鼠标并拖动即绘制出一条直线，拖动鼠标的同时按住"Shift"键，将绘制水平、垂直和左右倾斜45°角的直线。

2. 属性面板

可通过"属性"面板设置线条的属性，如图 2-3 所示。如果"属性"面板没有打开，选择菜单"窗口"→"属性"命令，可调出"属性"面板。

图 2-3　"线条工具"的"属性"面板

"笔触颜色"：单击"笔触颜色"按钮，弹出调色板，如图 2-4 所示，选择一种颜色，这个颜色将作为绘制线条的颜色。在 Animate 中，绘制的图形分为笔触和填充两部分，笔触是画笔接触画面时所留下的痕迹，一般为图形的轮廓线，填充是对一个区域填充指定颜色。"线条工具"只能绘制笔触图形，没有填充图形，因此它的"属性"面板上的填充颜色按钮不可用。

"对象绘制模式"：图形按照是否为一个整体分为分离图形和组合图形，在分离图形中各像素是离散的，可用鼠标选取图形的一部分，选中部分将填充许多小亮点。组合图形就是将所有像素组合成一个整体，选择组合图形时，整个图形将被选中，不能只选取图形中的某一部分，组合图形四周被一个浅色细线矩形框框住，表示图形为一个整体，如图 2-5 所示。如果对象绘制模式关闭，所绘制的线条为分离图形；按下对象绘制模式按钮，对象绘制模式打

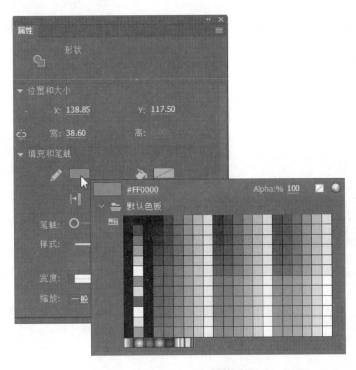

图 2-4　选择"笔触颜色"

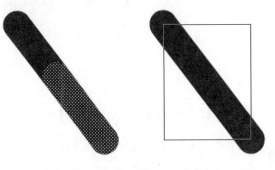

开，再绘制的线条为组合图形。

"笔触"：设置笔触的大小，即设置笔尖的粗细。鼠标拖动滑块左右移动，后面的文本框中的数值随之改变，数值越大，绘制的线条越宽。

"样式"：设置笔触样式。单击此按钮，弹出可供选择的笔触样式，如图 2-6 所示。选择一个样式，将绘制相应样式的线条。

图 2-5　分离图形与组合图形

"宽度"：选择笔触宽度的变化样式。只有当笔触样式选择第 1 或第 2 项，宽度选项才可用。单击"宽度"下拉按钮，弹出如图 2-7 所示的选项，选择一个宽度选项，将绘制相应宽度样式的线条。

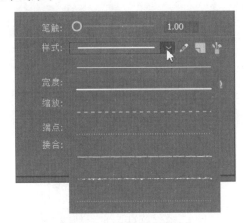

图 2-6　选择笔触样式

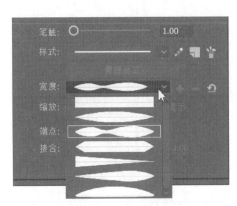

图 2-7　选择笔触宽度

"端点"：在 Animate 中可给线条的两端加端点，美化线条。端点的类型有圆角和方形，如图 2-8 所示。图 2-9 所示为将同一个线条不加端点、加圆角端点和加方形端点的效果图。

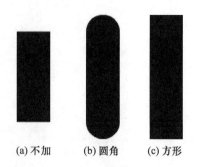

(a) 不加　　(b) 圆角　　(c) 方形

图 2-8　端点的三个选项　　　　　　　　图 2-9　线条的端点效果图

接合：定义了两条线接合处角的形状，有尖角、圆角和斜角三种，如图 2-10 所示。图 2-11 所示为横竖两个线条的三种接合角的效果图。

(a) 尖角　　(b) 圆角　　(c) 斜角

图 2-10　三种接合方式　　　　　　　图 2-11　接合角的效果图

3. 绘图工具箱的颜色栏和选项栏

绘图工具箱颜色栏的"笔触颜色"也可设置线条的颜色，如图 2-12 所示。单击此按钮，可弹出调色板，其操作界面、功能和使用方法与"属性"面板上的"颜色"按钮相同。"线条工具"的选项栏中有两个辅助选项，其中"对象绘制"与"属性"面板上的"对象绘制"功能相同。"贴紧至对象"按钮被按下后，启动自动捕捉功能。绘制直线到达另一对象的附近时，如同被磁铁吸引一样，自动与另一对象连接，如图 2-13 所示。

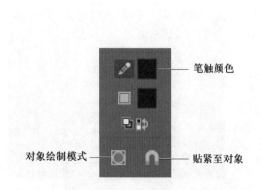

图 2-12　绘图工具箱中的"笔触颜色"　　　图 2-13　到达附近自动连接

2.1.2 矩形工具

"矩形工具"是一个工具组，长按此按钮可打开工具组面板，如图 2-14 所示。

1. 矩形工具

选中"矩形工具"，在工作区中按住鼠标左键并拖动，即可画出矩形。按住 Shift 键再拖动鼠标则绘制正方形。所绘制的矩形包括笔触和填充两部分，四周的边框为笔触，中间部分为填充。选中"矩形工具"，打开"属性"面板，如图 2-15 所示。

图 2-14 "矩形工具"组

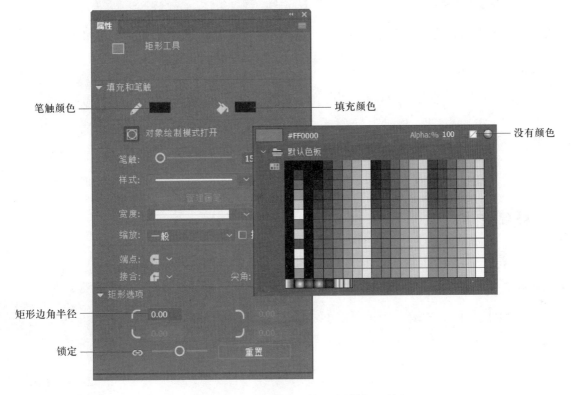

图 2-15 "矩形工具"的"属性"面板

笔触颜色：设置矩形四周边框的颜色。

填充颜色：设置矩形中间填充部分的颜色。在打开的调色板右上角有"没有颜色"按钮，如果"笔触颜色"面板选择了"没有颜色"按钮，所绘制的矩形没有外边框。如果填充颜色面板中选择了"没有颜色"按钮，将绘制空心矩形。图 2-16 所示为用"矩形工具"绘制的实心、空心和无边框正方形。

(a) 实心矩形　　(b) 空心矩形　　(c) 无边框正方形

图 2-16 不同设置的正方形

矩形选项：在"矩形边角半径"文本框中输入不同的数值，可得到不同边角半径的矩形，如图 2-17 所示。文本框下面的锁形图标为锁定状态时，矩形的四个边角半径均相等，此时在左上角的文本框中输入数值，按回车键确认后，其余 3 个文本框也随之改变。单击锁形图标，该图标变为打开形状时，四个文本框中可分别输入不同的数值。如图 2-18 所示，左边的边角半径为"150"、右边的边角半径为"0"绘制的图形。

图 2-17 四个边角半径均相等　　　　图 2-18 左右边角半径不相等

2. 基本矩形工具

"基本矩形工具"所绘制的矩形为组合图形，图形不能被分割。矩形顶点附近显示一些锚点，如图 2-19 所示，使用"选择工具"拖动这些锚点可以改变矩形的圆角半径。它的属性面板与"矩形工具"的属性面板相同。

图 2-19　"基本矩形工具"绘制的图形

2.1.3　椭圆工具

"椭圆工具"是一个工具组，长按此按钮可打开工具组面板，如图 2-20 所示。

1. 椭圆工具

选取"椭圆工具"，在舞台中按住鼠标左键并拖动即可画出各式各样的椭圆。同时按住"Shift"键，将绘制正圆形。图 2-21 所示为"椭圆工具"的"属性"面板，通过设置椭圆选项还可以绘制扇形和圆环等图形。

图 2-20　椭圆工具

"开始角度"：设置扇形开始的角度。

"结束角度"：设置扇形结束的角度。在 Animate 中水平向右为 0°角，顺时针旋转角度增加（注意：在数学的直角坐标系中，逆时针旋转角度增加）。

"内径"：圆环的内圆半径。

"闭合路径"：扇形的路径是否闭合，如果扇形路径不闭合，则绘制的图形为圆弧。

采用不同设置绘制的图形如图 2-22 所示。

2. 基本椭圆工具

"基本椭圆工具"绘制的图形为组合图形，椭圆上有两个"调节点"。使用"选择工具"拖动外部的点，可将圆形变为扇形，而拖动内部的点则可将圆形变为环形。如果先后拖动内部点和外部点，则将圆形变为扇形圆环，如图 2-23 所示。

图 2-21 "椭圆工具"的"属性"面板

图形	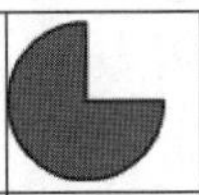			
开始角度	0°	0°	0°	0°
结束角度	270°	0°	270°	270°
内径	0	40	40	0
闭合路径	是	是	是	否

图 2-22 扇形、圆环、扇形圆环、圆弧

(a) 原图　　(b) 扇形　　(c) 圆环　　(d) 扇形圆环

图 2-23 基本椭圆工具

2.1.4 多角星形工具

绘制多边形或星形。选择"多角星形工具",打开"属性"面板,如图 2-24 所示。单击"工具设置"栏的"选项"按钮,弹出"工具设置"对话框,如图 2-25 所示。在该对话框中可选择绘制的图形的样式、边数和星形顶点大小。单击"样式"下拉按钮,选择绘

制的图形的样式：多边形或星形，如图 2-26 所示。图 2-27 所示为绘制的五边形和五角星形。

图 2-24 "多角星形工具"的"属性"面板

图 2-25 设置样式、边数和星形顶点大小

图 2-26 选择多边形或星形

图 2-27 五边形和五角星形

2.1.5 钢笔工具

"钢笔工具"是一个工具组，长按此按钮打开工具组面板，如图 2-28 所示。"钢笔工具"主要用于创建复杂的曲线，它的属性面板与"线条工具"的属性面板相同。

1. 画直线

选中"钢笔工具"后，在舞台上单击一下，会产生一个锚点，同前一个锚点自动相连。

在绘制的同时，如果按住"Shift"键，线段将约束在45°的倍数角方向上，如图2-29所示。在终止点双击或单击工具箱中的其他工具结束图形的绘制。

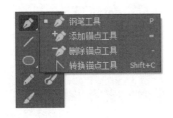

图2-28 "钢笔工具"组

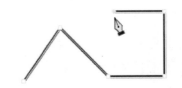

图2-29 用"钢笔工具"画直线

2. 画曲线

"钢笔工具"还可以绘制曲线，添加新的线段时，按住鼠标左键不放，拖动鼠标，新锚点自动与前一锚点用曲线相连，并且显示出控制曲线斜率的切线，如图2-30所示。若同时按住"Shift"键，则切线的方向将约束在45°的倍数角方向。

3. 添加锚点

如果要制作更复杂的曲线，则需要在曲线上添加一些锚点。长按"钢笔工具"，在打开的列表中选择"添加锚点工具"，光标变为一个带+号的钢笔形状。笔尖对准要添加锚点的位置单击，在该点上添加一个锚点，如图2-31所示。

图2-30 按下鼠标并拖动

(a) 笔尖对准曲线

(b) 单击添加一个锚点

图2-31 添加锚点

4. 删除锚点

长按"钢笔工具"，在打开的列表中选择"删除锚点工具"，光标变为一个带-号的钢笔形状，笔尖对准要删除的锚点单击，删除该锚点，如图2-32所示。

5. 转换锚点工具

将曲线点转换为角点。长按"钢笔工具"，在打开的列表中选择"转换锚点工具"，光标变为一个尖角形状，尖角对准要转换的锚点单击，曲线点转换为角点，如图2-33所示。

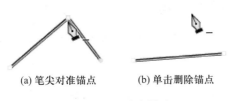

(a) 笔尖对准锚点　　　　(b) 单击删除锚点

图2-32 删除锚点

(a) 笔尖对准曲线点

(b) 单击后转换为角点

图2-33 曲线点转换为角点

2.1.6 铅笔工具

选择"铅笔工具",按下鼠标左键并拖动,即可画出鼠标的轨迹线。其绘图工具箱选项栏有"对象绘制"和"铅笔模式"按钮。单击"铅笔模式"按钮,弹出如图 2-34 所示选项。用铅笔绘制完毕后系统将对所绘制的图形进行调整。"伸直":将绘制的线条变得平直一些。"平滑":将绘制的线条变得平滑一些。"墨水":绘制的线条非常接近于手工绘制的轨迹,基本保持所绘图形的原样。

2.1.7 笔触画笔工具

选择"笔触画笔工具",按住鼠标左键并拖动,即可画出鼠标的轨迹线,所绘制的图形为笔触图形。绘图工具箱选择栏如图 2-35 所示,"使用压力"按钮需要与压力笔配合使用。选择"使用斜度"按钮将绘制极细的线条。

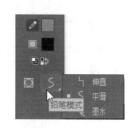

图 2-34 "铅笔工具"

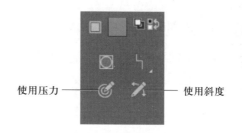

图 2-35 "笔触画笔工具"

2.1.8 画笔工具

选择"画笔工具",按住鼠标左键并拖动,即可画出鼠标的轨迹线,所绘制的图形为填充图形。图 2-36 所示为"画笔工具"的"属性"面板。面板中笔触部分的选项是虚的,不能使用。

"锁定填充":在后面讲解。

"画笔模式":图 2-37 所示为画笔模式选项。"标准绘画":用指定颜色涂改工作区的任意区域,将覆盖已有图形的笔触和填充区域。"颜料填充":在填充和空白区域绘画,不影响笔触。"后面绘画":只在空白区域进行绘图,不影响已有图形。如图 2-38 所示。"颜料选择":只在被选中的区域绘画,不影响其他部分,使用这种模式绘画前,应先选中绘画的区域,如图 2-39 所示。"内部绘画":只在第一笔所在的封闭区域内绘画,且不影响线条,如图 2-40 所示。

"画笔形状":单击此按钮,弹出如图 2-41 所示不同形状的画笔列表,用户根据绘图需要选择不同形状的刷子。

图 2-36 "画笔工具"的"属性"面板

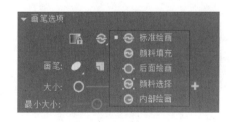

图 2-37 画笔模式

图 2-38 标准绘画、颜料填充、后面绘画

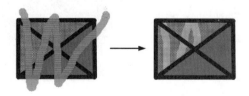

图 2-39 颜料选择

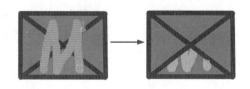

图 2-40 内部绘画

图 2-41 画笔形状选择

2.2 选取和变形工具

2.2.1 选择工具

"选择工具"是最常用的工具,主要功能是选择对象,对对象进行变形等。对象被选中后,选中部分会填充小的亮点。

1. 选取对象

使用"矩形工具"绘制一个蓝色填充、黑色边框的矩形,再使用"线条工具"画出矩形的对角线。单击"选择工具",单击矩形的某一个填充区域,该区域将显示小的亮点,表示被选中;在填充区内双击,则填充区与周边的轮廓线同时被选中;如果在某一个线段上单击,则该线段被选中;若在线条上双击,则可将颜色相同、粗细一致、连在一起的线条同时选中,如图 2-42 所示。

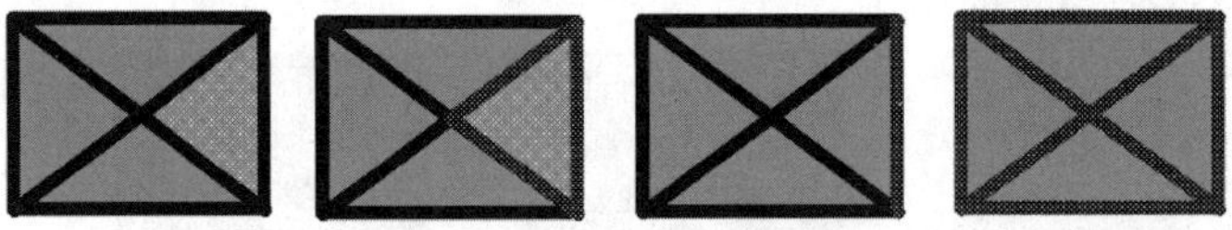

(a)单一对象   (b)填充区和轮廓线   (c)线条   (d)连续线条

图 2-42 选取对象

在空白区域按住鼠标左键并拖出一个矩形范围,松开左键后,矩形框内的所有对象都将被选中。这种方法也可选取图形的某一区域,如图 2-43 所示。也可按住"Shift"键,依次单击要选取的对象,选取多个对象。

单击空白区域,则取消所有对象的选择。在已选择的多个对象中,按住"Shift"键,单击某个已选择的对象,即可取消该对象的选择。

图 2-43 选取某一区域

2. 移动对象

先选择需要移动的一个或多个对象，然后可用鼠标拖动已选择的对象进行移动。系统提供了贴紧选项，选择菜单"视图"→"贴紧"命令，弹出6种贴紧方式，如图2-44所示。如果选中"贴紧对齐"，当移动对象的上边或下边的Y坐标值与其他对象的上边或下边的Y坐标值接近时，移动的对象会突然一动，自动与其他对象对齐，同时两对象对齐处将出现一条水平线，如图2-45所示。同样，如果移动对象的X坐标值与其他对象的X坐标值接近时，移动的对象将在X轴上自动对齐，同时出现一条竖直线。依此类推，贴紧菜单的其他选项，请读者自己验证。

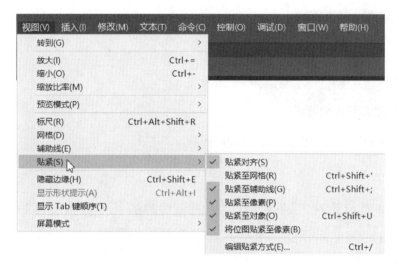
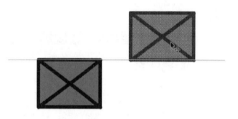

图 2-44 "贴紧"菜单　　　　　　　　　　图 2-45 "贴紧对齐"

3. 复制对象

可以通过编辑菜单的复制、粘贴命令复制选中的对象，也可按住"Alt"键，鼠标拖动选中的对象，系统自动复制选中的对象，如图2-46所示。

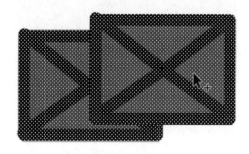

图 2-46 按住 Alt 键，鼠标拖动对象

4. 修改形状

"选择工具"还可修改对象的形状。单击空白区域，确定取消了对象的选择。光标移至图形的直角处，光标的右下角会出现一个直角标记，按住左键拖动，可拉伸线的交点，如图2-47所示。光标移近至线条中间，其右下角出现小圆弧，按住左键拖动鼠标，可将线条

拉伸成弧形，如图 2-48 所示。按下 Alt 键，鼠标拖动线条，线条拉伸成尖角，如图 2-49 所示。注意：如果先选中对象，再用鼠标拖动对象，则对象随鼠标移动，此时的操作是移动对象。

图 2-47　拖动直线端点　　　　　　　　　图 2-48　拖动直线中间部分

图 2-49　按下 Alt 键，拖动直线中间部分

5. 对象的坐标、宽度和高度

选中对象后，在"属性"面板上将显示该对象的 X、Y 坐标值和对象的长度、高度，如图 2-50 所示。Animate 将舞台的左上角定为坐标原点，水平方向为 X 轴，向右为正，向左为负；垂直方向为 Y 轴，向下为正，向上为负。

图 2-50　位置和大小

2.2.2　部分选取工具

1. 删除锚点

选择"部分选取工具"，单击图形的线条，线条上的锚点就显示为空心小点，再选中其中的一个锚点，则该点变成实心的小点。按 Delete 键可删除这个锚点，如图 2-51 所示。

2. 移动锚点

选择"部分选取工具",拖动任意一个锚点,可将该锚点移动到新的位置,如图 2-52 所示。也可用键盘上的上下左右方向键来移动该锚点,每按一下方向键,锚点移动一个像素点,若按住"Shift"键,按一下方向键锚点移动 10 个像素点。

图 2-51 删除锚点   图 2-52 移动锚点

3. 角点转换为曲线点

选择"部分选取工具",按下"Alt"键,鼠标拖动角点,即将角点转换为曲线点,如图 2-53 所示。拖动句柄,改变切线的长度和倾角,可调整该曲线的弯曲形状。

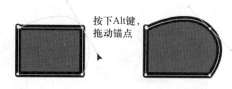

图 2-53 角点转换为曲线点

2.2.3 任意变形工具

"任意变形工具"是一个工具组,长按此按钮打开工具组面板,如图 2-54 所示。"渐变变形工具"在后面进行介绍。选择"任意变形工具"后,在选项栏中有四个变形选项按钮。

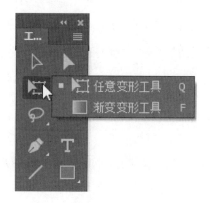

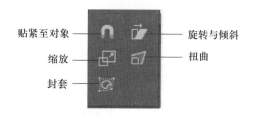

图 2-54 "任意变形工具"

1. 旋转与倾斜

选择"任意变形工具",单击要旋转的图形,图形的周围出现黑色边框,边框上共有 8 个锚点,图形中央出现白色的圆点,为"旋转中心点"。单击选项栏中的"旋转和倾斜"按钮,鼠标移动到图形其中 1 个角的锚点上,鼠标形状变成旋转光标,按住鼠标左键并拖动,图形绕旋转中心点进行旋转,如图 2-55 所示。将旋转中心点移到其他位置,甚至是图形外面,图形仍然围绕旋转中心进行旋转,请读者自己验证。

将鼠标移动到四个边线上时,鼠标形状变成倾斜光标,拖动鼠标即可倾斜图形,如图 2-56 所示。

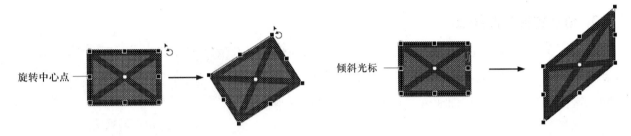

图 2-55 拖动四角上的锚点旋转对象　　　　图 2-56 拖动边线上的锚点倾斜对象

2. 缩放

单击选项栏中的"缩放"按钮,鼠标移动到任意的锚点上,鼠标形状变为缩放光标,拖动锚点即可改变图形的尺寸。如果按住"Shift"键,图形的长和宽按比例缩放。

如果在选项栏中不选择任何变形按钮,可通过鼠标在图形的不同位置完成以上操作。鼠标靠近顶角时,形状将变成旋转光标,按住并拖动鼠标可旋转图形;鼠标移动到边线上,形状将变成倾斜光标,按住并拖动鼠标可倾斜图形。鼠标移动到顶角的上方,形状变成缩放光标,按住并拖动鼠标可缩放图形。

3. 扭曲

单击选项栏中的"扭曲"按钮,将鼠标移近任一锚点,光标变成扭曲光标,拖动锚点拉伸对象,获得扭曲的形状,如图 2-57 所示。

4. 封套

单击"封套"按钮,显示图形每一个锚点的句柄,鼠标拖动这些句柄可改变曲线的曲率,如图 2-58 所示。

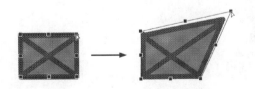 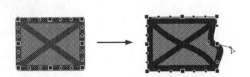

图 2-57 拖动锚点拉伸对象　　　　图 2-58 拖动控点改变对象的形状

5. "变形"菜单

选择要变形的图形，选择菜单"修改"→"变形"命令，弹出"变形"子菜单，如图 2-59 所示。"任意变形""扭曲""封套""缩放""旋转与倾斜""缩放和旋转"等子选项与"任意变形工具"的功能相同。剩余几项请读者自己验证。

图 2-59 "变形"菜单

6. "变形"面板

选择菜单"窗口"→"变形"命令，打开"变形"面板，如图 2-60 所示。

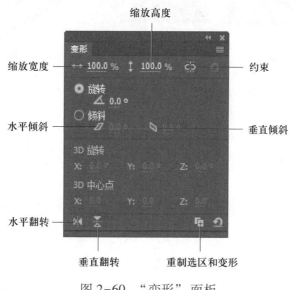

图 2-60 "变形"面板

"缩放"：选中要缩放的对象，在"变形"面板的"缩放宽度"文本框中输入百分比，或在"缩放高度"文本框中输入百分比，按回车键确认，对象的高度和宽度按输入值缩小或放大。单击"约束"按钮则锁定高度与宽度的比例，即在宽度或高度中任一文本框中输入数据，另一文本框自动按比例调整。

"旋转"：选中要旋转的对象，单击"变形"面板的"旋转"按钮，在"旋转"文本框中输入旋转角度，按回车键确认，对象将旋转指定的角度，如图 2-61 所示。

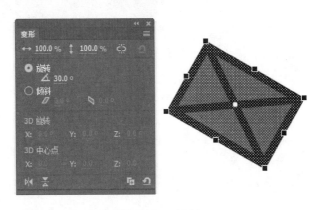

图 2-61　旋转

"倾斜"：选中要倾斜的对象，单击"倾斜"按钮，在"水平倾斜"文本框中输入角度，对象在水平方向倾斜。在"垂直倾斜"文本框中输入角度，对象在垂直方向倾斜，如图 2-62 所示。

　　(a)原图　　　　　　　　(b)水平倾斜　　　　　　　(c)垂直倾斜

图 2-62　倾斜

"水平翻转"和"垂直翻转"：将选中的对象在水平方向上翻转或在垂直方向上翻转。

"重制选区和变形"：原对象保持不变，新生成一个变形的对象。

7. 扩展填充

将填充图形扩大或缩小指定像素。选中一个填充图形，选择菜单"修改"→"形状"→"扩展填充"命令，弹出如图 2-63 所示"扩展填充"对话框。在"距离"文本框输入需要扩大或缩小的像素数；在"方向"栏中，扩展选项是扩大图形；插入选项是缩小图形。

图 2-63　"扩展填充"对话框

2.2.4 套索工具

"套索工具"是一个工具组，长按此按钮，打开工具组面板，如图 2-64 所示。主要用于选择不规则的区域范围。

"套索工具"：单击该按钮，按住左键并移动鼠标，画出要选择的范围，松开鼠标后，自动选取套索圈定的对象，如图 2-65 所示。

图 2-64 "套索工具"工具组　　　　图 2-65 "套索工具"

"多边形工具"：单击该按钮，每次单击就会确定一个端点，并与上一个端点用线段连接，在最后一个点双击，最后一个点与起始点自动连接，组成一个封闭的多边形区域，该区域内的对象将被选中，如图 2-66 所示。

图 2-66 "多边形工具"

"魔术棒"：用于位图操作，选择图形中颜色相近的区域，对矢量形状对象无效。

2.3 修饰图形工具

2.3.1 颜料桶工具

对封闭或基本封闭区域填充指定颜色。选择"颜料桶工具"，单击"填充颜色"按钮，在弹出的颜色面板上选择颜色，在封闭区域里单击，此区域填充为选定的颜色，如图 2-67 所示。

"颜料桶工具"的选项栏有"空隙大小"按钮，单击此按钮弹出四种填充方式，如图 2-68 所示。"不封闭空隙"：只填充封闭的区域，不填充未封闭的区域。"封闭小空隙"：可填充有较小缺口的区域。"封闭中等空隙"：可填充中等缺口的区域。"封闭大空隙"：可填充较大缺口的区域。

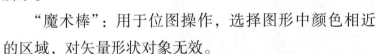

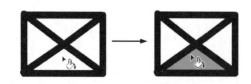 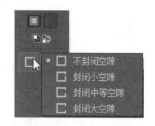

<table>
<tr><td>图 2-67　填充颜色</td><td>图 2-68　"颜料桶工具"的四种填充方式</td></tr>
</table>

2.3.2　墨水瓶工具

　　更改笔触的颜色、样式、大小等属性。选择"墨水瓶工具",打开"属性"面板,设定好笔触的颜色、样式和大小,单击要修改的笔触,则该笔触的颜色、样式和大小即按照"墨水瓶工具"的设置进行改变,如图 2-69 所示。

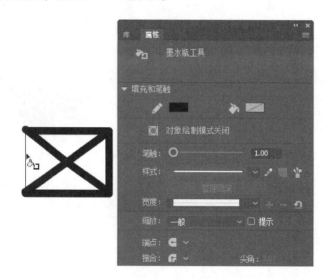

图 2-69　"墨水瓶工具"的"属性"面板

2.3.3　滴管工具

　　"滴管工具"用于拾取图形的填充或笔触的颜色值。选择"滴管工具"后,鼠标图标变成一个滴管形状,用滴管单击某填充区域后,"滴管工具"自动切换为"颜料桶工具",同时填充颜色变为该填充区域的颜色。用滴管单击某笔触后,"滴管工具"自动切换为"墨水瓶工具",同时笔触颜色变为该笔触的颜色,笔触的线型和大小也变为该笔触的线型和大小。

2.3.4　橡皮擦工具

　　选择"橡皮擦工具",在图形上拖动鼠标,鼠标拖过的区域会被擦除。它的选项栏有 2 个选项:"橡皮擦模式"和"水龙头",如图 2-70 所示。

1. 橡皮擦模式

单击此按钮，弹出五种橡皮擦模式，如图 2-71 所示。"标准擦除"：擦除所有的线条和填充色。"擦除填色"：只擦除填充色，不擦除线条。"擦除线条"：只擦除线条，不擦除填充。"擦除所选填充"：只擦除被选中部分，在使用之前要先选中需擦除的区域。"内部擦除"：只擦除第一笔所在的闭合区域的填充色，闭合区域外的对象不受影响，并且不影响线条。

图 2-70　"橡皮擦工具"的选项栏　　　图 2-71　橡皮擦模式

2. 水龙头

整体删除。单击"水龙头"按钮，鼠标变成了水龙头形状，单击图形对象，此对象被完全擦除，如图 2-72 所示。水龙头既可擦除填充，也可擦除线条。

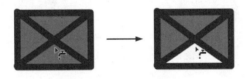

图 2-72　完全擦除对象

2.3.5　宽度工具

为线条设置宽度变化效果。使用"线条工具"画一条直线，选择"宽度工具"，鼠标移动到直线上，直线上出现一个随鼠标移动的控制点，按住鼠标左键向两边拖动，该处线的宽度发生变化，如图 2-73 所示。如果鼠标在直线上移动，直线上有一个新的控制点将跟随鼠标的移动，在新的位置拖动鼠标，该处线的宽度也发生变化，如图 2-74 所示。

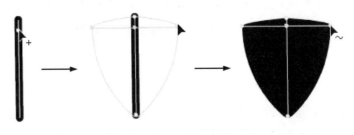

图 2-73　改变某点宽度

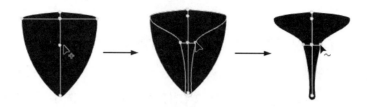

图 2-74　改变另一点的宽度

2.3.6　资源变形工具

　　对对象进行变形。绘制一个图形并选中，选择"资源变形工具"，单击绘制的图形，在图形上出现网格和控制点，单击图形的其他位置，添加新的控制点。单击其中一个控制点，该点中心变为黑色实心，周围有一圈虚线圆圈，表示该点为当前控制点。拖动当前控制点可以变形对象，鼠标移到当前点虚线圆圈处，可旋转圆圈，变形对象，如图 2-75 所示。

图 2-75　资源变形工具

2.4　查看工具

2.4.1　手形工具与旋转工具

　　是一个工具组，长按此按钮，打开工具组面板，如图 2-76 所示。

　　"手形工具"：选择此工具后，鼠标将变成手掌形状，此时可拖动舞台上下左右移动；在拖动的同时，纵向和横向滑块也随之移动。

　　"旋转工具"：选择此工具后，可将舞台旋转一定的角度。单击舞台右上角的"舞台居中"按钮，如图 2-77 所示，舞台返回水平状态，居窗口中间。

2.4.2　缩放工具

　　调整对象的显示比例。选择此工具，在选项栏中有"放大"和"缩小"两个选择按钮，如图 2-78 所示。选中其中一个按钮，单击工作区，即可放大或缩小显示比例。

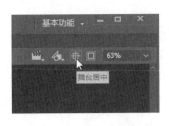

图 2-76　查看工具　　　　图 2-77　"舞台居中"　　　　图 2-78　缩放的选项栏

选择"缩放工具"后，用鼠标在工作区中拉出一个待放大的矩形区域，松开鼠标后，该区域内的图形将放大至整个窗口。在工作区的右上角有一个显示比例下拉列表，通过下拉此列表选择显示比例或者在文本框中输入比例值，即可改变显示比例。

2.5　绘制图形实训

实训 1　绘制嘴的轮廓

绘制如图 2-79 所示嘴的轮廓。

图 2-79　嘴的轮廓

（1）新建文档，画一条直线，单击"选择工具"，在空白区域单击，确保直线没有被选中，用鼠标向下拖动直线，使直线弯曲，作为基准辅助线，如图 2-80 所示。

图 2-80　基准辅助线

（2）使用"线条工具"，画出嘴的基本轮廓线，如图 2-81 所示。

图 2-81　嘴的基本轮廓线

（3）使用"选择工具"将直线拉弯，添加锚点，仔细调整完成嘴的绘制。

实训 2　绘制眼镜

绘制如图 2-82 所示眼镜的图形。

图 2-82　眼镜

（1）新建文档。选择"矩形工具"，设置笔触颜色为黑色，填充颜色为蓝色，画一个竖直细长条，用"任意变形工具"将其转动一定角度，如图 2-83 所示。

（2）依此类推，再画出两个适当大小的细长条，调整它们的倾斜角，最后将它们放置在一起，形成眼镜腿，如图 2-84 所示。

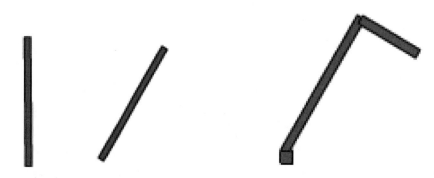

图 2-83　画竖直条，再转动一个角度　　　　图 2-84　眼镜腿

（3）选择"椭圆工具"，设置笔触颜色为黑色，填充颜色为灰色，画一个椭圆，与前面的图形连接，如图 2-85 所示。

图 2-85　画一个椭圆，再与眼镜腿组合

（4）选择"矩形工具"，设置笔触颜色为黑色，填充颜色为蓝色，画一个小水平矩形，做眼镜中间的横线。由于横线较小，为了调整方便，放大显示比例。

（5）选择"选择工具"，拖动矩形的左上角和右下角，将矩形变为梯形，如图2-86所示。图中显示比例为400%。

（6）使用"钢笔工具"添加锚点，使用"部分选取工具"调整锚点，使其成为如图2-87所示样式。

图 2-86 梯形

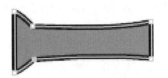
图 2-87 调整图形

（7）使用"选择工具"将左边的竖线略微拉弯，形成一定的弧度，如图2-88所示。

（8）用同样方法调整右边的端点，使之与左端相同。最后图形如图2-89所示。依此类推，完成眼镜的其他部分，再将它们合理摆放，形成眼镜图形。

图 2-88 略微拉弯竖线

图 2-89 将竖线略微拉弯

实训 3 绘制画布

绘制如图2-90所示画布。

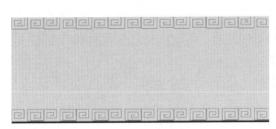
图 2-90 画布

（1）新建文档。选择菜单"修改"→"文档"命令，打开"文档设置"对话框。设置文档宽为330像素，高为140像素，背景色为#FFCC33。

（2）单击"线条工具"，设置笔触颜色为绿色。按住"Shift"键，绘制水平短线和垂直短线，循环操作，绘制如图2-91所示图案。

（3）单击"选择工具"，选中所绘制的图形，打开"属性"面板，在"属性"面板上设置宽为 20，高为 12。

（4）选择菜单"编辑"→"复制"命令。选择菜单"编辑"→"粘贴到当前位置"命令，复制生成一个新图形，但由于两个图形重叠，只能看到了一个图形。按键盘上的右方向键，移动刚复制的图形，得到如图 2-92 所示图形。

（5）选择菜单"修改"→"变形"→"垂直翻转"命令；选择菜单"修改"→"变形"→"水平翻转"命令，得到图 2-93 所示图形。

图 2-91　图案　　　图 2-92　复制后的图形　　　图 2-93　垂直翻转、水平翻转后的图形

（6）选中所有图形，按快捷键"Ctrl+G"，将其组合。

（7）使用复制和粘贴方法，复制出 8 个相同的图形，摆放整齐，如图 2-94 所示。

图 2-94　上半部分图案

（8）选中上面 8 个图形，按下"Alt"键，鼠标拖动图形，复制一份相同的图形。放在舞台的下方，形成最终图案。

实训 4　绘制雨中伞

绘制图 2-95 所示雨中伞的图形，它由雨滴、伞面和伞柄组成。

图 2-95　雨中伞

（1）新建文件，选择"椭圆工具"，无线条色，填充为淡蓝色，画一个圆形。选择"选择工具"，确定圆形没有被选择，用鼠标拖动圆形的一边，拉出一个角。结合"钢笔工具"和"部分选取工具"对雨滴进一步调整，如图2-96所示。

图2-96　绘制雨滴

（2）选中此雨滴，使用"复制"和"粘贴"命令，生成多个雨滴。用"任意变形工具"改变雨滴的大小，微调雨滴的方向，并按由左上向右下的布局排布雨滴，形成下雨的图形。

（3）选择"钢笔工具"，绘制如图2-97所示轮廓线。

（4）选择"选择工具"，调整轮廓线的形状，使其边缘变得圆滑一些，如图2-98所示。

（5）选择"颜料桶工具"，设置填充色为红色，单击轮廓中心，将中心部分填充为红色。选择"选择工具"，单击选择边框线条，按"Delete"键删除轮廓线，只剩下填充部分，如图2-99所示。

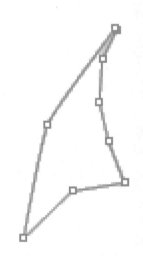  

图 2-97　伞页轮廓线　　　图 2-98　使边缘变得圆滑　　　图 2-99　删除轮廓线

（6）依此类推，画出另外两片伞页。添加颜色时，中间伞页的红颜色稍微淡一些。将三片伞页按合理位置摆放好，形成伞面。

（7）选择"线条工具"，在"属性"面板上设置笔触大小为7，颜色为红色，画出如图2-100所示线条。

（8）选择"选择工具"，调整线条的形状，使其弯曲部分变得圆滑一些，如图2-101所示。

（9）选择"任意变形工具"，将竖直的伞柄旋转一个角度，完成了伞柄的绘制。最后，将雨滴、伞页和伞柄合理摆放，完成图形的制作。

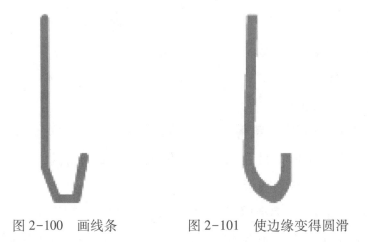

图 2-100　画线条　　　　图 2-101　使边缘变得圆滑

实训 5　绘制放射状图形

绘制如图 2-102 所示放射状图形。

图 2-102　放射状图形

（1）新建文档，打开"属性"面板，设置文档背景颜色为黑色。选择"椭圆工具"，设置笔触颜色为无，填充色为黄色（#FF9900），在舞台中画一个如图 2-103 所示的极扁的椭圆形。

图 2-103　绘制一个椭圆形

（2）单击"任意变形工具"，选中椭圆形，将旋转的中心移至椭圆形的右端，如图2-104所示。

(a)原图　　　　　　　　　　　　　(b)旋转点移至右端

图2-104　中心移至椭圆形的右端

（3）选择菜单"窗口"→"变形"命令，弹出"变形"面板，如图2-105（a）所示，旋转值设为12°，其他值不变，单击右下角"重制选区和变形"按钮，生成一个旋转了12°的新图，如图2-105（b）所示。

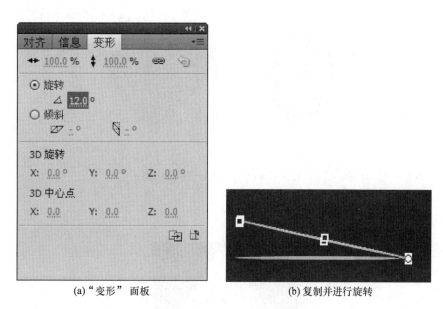

(a)"变形"面板　　　　　　　　(b)复制并进行旋转

图2-105　设置旋转值进行旋转

（4）连续单击"复制并应用变形"按钮，生成最终的放射状图形。

巩固与提高

1. 绘制图2-106所示的节能灯泡。

2. 绘制图2-107所示的法官锤，可看出此图有很强的对称性，绘制时要充分利用其对称性加快绘制速度。

图 2-106 灯泡

图 2-107 法官锤

3. 绘制如图 2-108 所示的扑克中方片、红桃图案。

图 2-108 方片和红桃图案

4. 绘制如图 2-109 所示火箭。

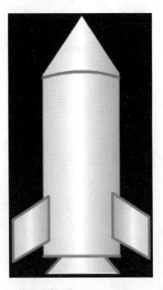

图 2-109 火箭

第 **3** 章
制作复杂图形

3.1 颜色

3.1.1 概述

Animate 的颜色模式有 RGB 模式和 HSB 模式。RGB 模式也称三基色模式，它规定了三种基本颜色——红（Red）、绿（Green）、蓝（Blue），利用人眼的特性，将三种基本颜色按一定比例混合即可形成其他颜色。在 Animate 中每一种基本颜色用 2 位十六进制数表示，因此一个由 RGB 三基色组成的颜色需要用 6 位十六进制数表示，每一种基本颜色最亮用 FF（即十进制的 255）表示，最暗用 0 表示，共有 256 等级。因此，纯红色的代码为"#FF0000"（即红色最深，没有绿色和蓝色），纯绿色的代码为"#00FF00"，纯蓝色的代码为"#0000FF"。将三种基色按某种比例混合即可获得人眼能分辨出的任意一种颜色，例如，"#5B5FEC"表示这种颜色中红色的成分为 5B，绿色的成分为 5F，蓝色的成分为 EC，混合后整个颜色表现为浅蓝色。三基色的颜色也可用十进制表示，例如，某颜色的十六进制数为 FF0080，可用十进制 255-0-128 表示。

在 HSB 颜色模式中，H 为色相，S 为饱和度，B 为亮度，这是色彩的三要素。色相是能够确切地表示某种颜色的名称标识，如黄色、红色、青色，以区别各种不同的色彩，是色彩的首要特征。将色相按照一定规律排列成的圆环称为色相环，每一个色相用对应的角度表示，如图 3-1 所示。饱和度即色彩的纯度，就是含有色彩的比例，表示颜色的鲜艳程度，当一种纯颜色掺入黑或白色时，纯度就产生变化。饱和度用百分数表示，0 表示没有该颜色，100%表示最纯的颜色；亮度是指色彩的明亮程度。用百分数表示，0 表示亮度最低，即黑色，100%表示亮度最高。

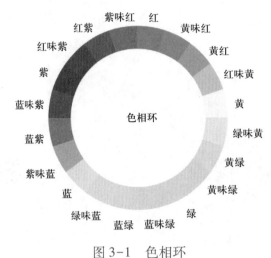

图 3-1 色相环

3.1.2 颜色面板

在绘图工具箱的颜色栏、"属性"面板和"颜色"面板上都可以设置颜色，在其中任何一个位置改变颜色，其他两个位置的颜色也随之改变，而"颜色"面板的功能最全。选择菜单"窗口"→"颜色"命令，可打开"颜色"面板，"颜色"面板上各个部分的名称如图 3-2 所示。

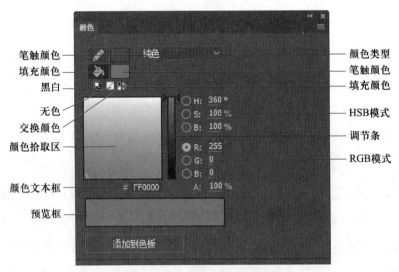

图 3-2 "颜色"面板

1. 笔触颜色

单击"笔触颜色"按钮，按钮变成深色，表示之后所进行的颜色设置操作将应用于笔触颜色。

　　单击"笔触颜色"按钮右侧的笔触颜色色块弹出调色板，同时鼠标变为滴管形状，如图 3-3 所示。单击其中一个样本色标签，该颜色将设为笔触的颜色。如果系统所给出的样本色不能满足用户要求，用户也可单击调色板右上角的"自定义颜色"按钮，定义自己的颜色。单击"无色"按钮，笔触没有颜色。

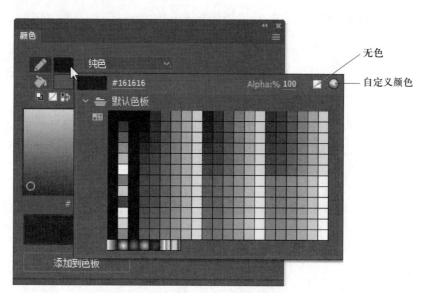

图 3-3　设定笔触的颜色

2. 填充颜色

　　单击"填充颜色"按钮，按钮变成深色，表示之后所进行的颜色设置操作将应用于填充颜色。"填充颜色"按钮右侧的填充颜色色块用于设置对象的填充色，与笔触颜色的设置方法类似。

3. 黑白

　　单击"黑白"按钮，Animate 自动将笔触颜色设置为黑色（#000000），将填充颜色设置为白色（#FFFFFF）。

4. 无色

　　如果先单击"笔触颜色"按钮，再单击"无色"按钮，则笔触没有颜色；如果先单击"填充颜色"按钮，再单击此按钮，则填充没有颜色。

5. 交换颜色

　　单击"交换颜色"按钮，笔触颜色与填充颜色进行互换。

6. 颜色拾取区

　　在颜色拾取区单击，选择一个颜色为当前色。

7. 颜色文本框

　　文本框中的数值为当前颜色的数值，为 6 位十六进制数。在文本框中输入 6 位十六进制数，按回车键确认后该数值为当前色。

8. 预览框

预览框中显示当前设置颜色的样例。

9. HSB 模式和 RGB 模式

进行颜色设置的两种模式，不同模式只是表现形式不同，效果是相同的。在一个模式下设置颜色，另一个也随之改变。使用 HSB 模式设置颜色时先确定色相，即 H 值，再确定 S 值和 B 值。使用 RGB 模式时直接输入 RGB 值。每个选项的右边有文本框，可输入相应的数字以确定颜色，H 的范围为 0~360。S 的范围为 0~100。B 的范围为 0~100。RGB 的范围均为 0~255。

10. 调节条

单击选中 HSB 或 RGB 模式的一个选项，鼠标拖动调节条上的滑块，该选项的文本框的数值也随之改变，可直观地观察颜色及参数的变化。

11. A

设定颜色的透明程度，A 值为 100% 时表示不透明，A 值为 0% 时表示完全透明。图 3-4 所示 4 个圆颜色相同，只是 A 值依次减小，透明度依次增大。

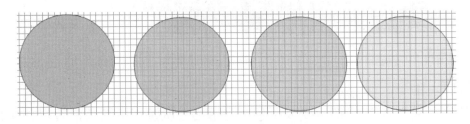

图 3-4　A 值依次减小，透明度依次增大

12. 颜色类型

单击"颜色类型"按钮，弹出如图 3-5 所示 5 个选项。"无"：颜色为无，没有颜色。"纯色"：为单一颜色，即颜色没有变化。"线性渐变"和"径向渐变"用于设置渐变色。

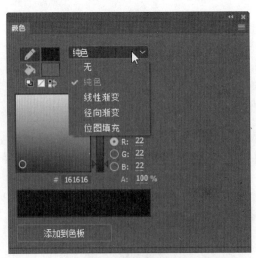

图 3-5　填充方式

3.2 渐变色

3.2.1 渐变颜色面板

在"颜色"面板上单击"颜色类型"按钮，在弹出的选项中选择"线性渐变"，面板中多出了一条渐变颜色条，颜色条的底部有两个滑块，用户设定滑块的颜色，滑块之间的颜色由系统自动填充。单击某一滑块使其尖端成黑色，该滑块即为当前滑块，通过 HSB 或 RGB 模式设置当前滑块的颜色。也可双击滑块，打开该滑块的调色板设定颜色，如图 3-6 所示。

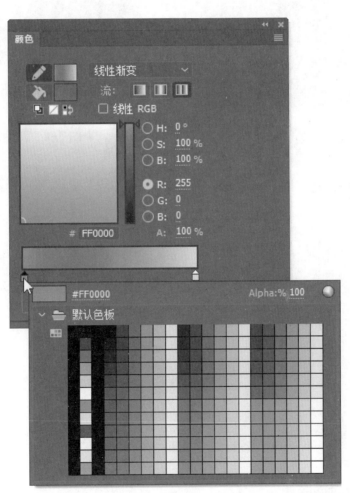

图 3-6　渐变颜色面板

用户可以添加、删除和移动滑块，进一步细化颜色的渐变。将鼠标移到渐变色条的底部，出现"+"标记时，单击就可以添加一个颜色滑块，如图 3-7 所示。用鼠标将滑块拖出面板就可以删除滑块。鼠标拖动滑块左右移动，可调节渐变颜色的分布情况。

"径向渐变"的设置方法与"线性渐变"的设置方法相同。设置好渐变色，绘制图形时，即用设定好的渐变色为图形着色。图 3-8 所示为设置填充颜色为"线性渐变"和"径向渐变"绘制的圆。

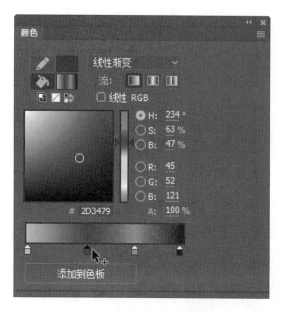

图 3-7 添加颜色滑块

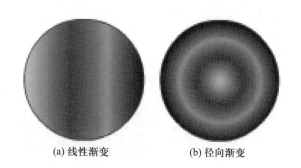

(a) 线性渐变　　(b) 径向渐变

图 3-8 两种渐变颜色

3.2.2 渐变变形工具

"渐变变形工具"与"任意变形工具"在工具箱的同一个位置，长按该按钮进行切换。"渐变变形工具"用来调整颜色的渐变效果。选择该工具，单击渐变色图形，显示出调整渐变的控点。"线性渐变"和"径向渐变"的控点略有差异，如图 3-9 所示。

图 3-9 "线性渐变"和"径向渐变"的控点

1. 更改渐变中心和宽度

鼠标拖动渐变的中心圆点即可改变填充中心。用鼠标拖动边线上的方形控点即可改变渐变填充的宽度，如图 3-10 所示。

2. 旋转渐变填充和改变填充半径

用鼠标拖动边线上的小圆形手柄旋转，即可改变填充方向。拖动径向渐变中间的控点，可以改变填充半径，如图 3-11 所示。

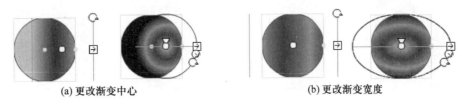

(a) 更改渐变中心   (b) 更改渐变宽度

图 3-10　更改渐变中心和宽度

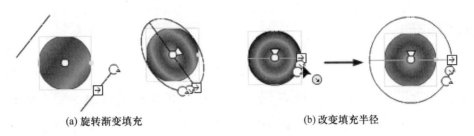

(a) 旋转渐变填充   (b) 改变填充半径

图 3-11　改变填充方向和填充半径

3.2.3　流

对渐变进行调整时，渐变的控制范围可能没有覆盖整个图形，在"颜色"面板中增加 3 个"流"选项，用于设定不在渐变控制范围的图形如何应用渐变，如图 3-12 所示，从左至右依次是"扩展颜色""反射颜色"和"重复颜色"。

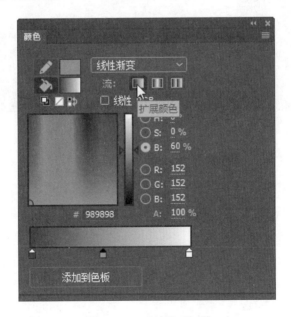

图 3-12　"流"选项

"扩展颜色"：超出渐变控制范围的部分按其临近的颜色填充为纯色。"反射颜色"：超出部分用反向的渐变进行填充。"重复颜色"：用同向的渐变色填充，三个选项的效果如图 3-13 所示。

(a) 原图	(b) 扩展颜色	(c) 反射颜色	(d) 重复颜色

图 3-13　选择不同"流"的效果

3.2.4　锁定填充

在"颜料桶工具"的选项栏里有一个"锁定填充"按钮，它的作用是锁定渐变填充的区域。"锁定填充"按钮不按下，用"颜料桶工具"单击各个封闭区域，将在各自区域填充渐变色；"锁定填充"按钮未按下在一个区域填充渐变色，再按下"锁定填充"按钮填充其他封闭区域，将在整个区域填充渐变色，如图 3-14 所示。

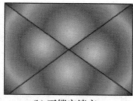

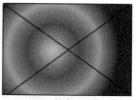

(a)"锁定填充"按钮	(b) 不锁定填充	(c) 锁定填充

图 3-14　锁定填充

3.3　文字对象

3.3.1　文字的输入

选择"绘图工具"箱中的"文本工具"后在工作区中单击，弹出一个文本框，文本框中有闪烁的光标，可以在其中输入文字。文本框的右上角有一个小圆圈，表示文本框的长度是可变的。输入文字时，文本框的右边界随着文字向右延伸，按回车键换行。选择"文本工具"后如果按住鼠标左键并向右拖动，将生成一个固定长度的文本框，文本框的右上角为一个小方形，输入的文本到右边框时将自动换行，如图 3-15 所示。输入完毕，在文本框外任意处单击，边框和光标消失。单击文字部分边框将重新出现，可继续修改文字。鼠标拖动文本框的四个角，可改变文本框的长度。

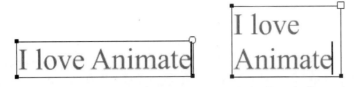

图 3-15　可变长度和固定长度的文本框

3.3.2　文字对象的属性

选择"文本工具"，在舞台上单击，打开"属性"面板，如图 3-16 所示。它按功能将文本属性进行了分类：位置和大小、字符、段落、选项、辅助功能和滤镜。单击分类左边的三角可折叠或展开该类别。

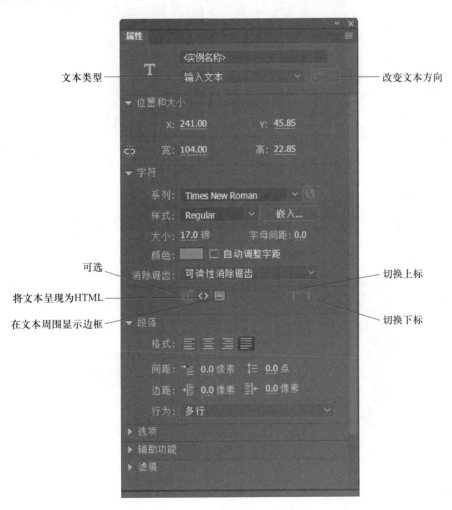

图 3-16　文字对象的"属性"面板

1. 实例名称

给文本框指定一个名字，在动画运行过程可通过脚本程序修改该文本框的内容或属性。如果不涉及编程，可不用输入实例名称。

2. 文本类型

单击该按钮弹出下拉菜单，如图 3-17 所示。"静态文本"：动画运行时，文本的内容不能被选择，也不能修改，是一种普通文本。"动态文本"：动画运行时，可用鼠标选择文本，也可通过脚本程序修改其内容或属性，但不能通过键盘输入文字。"输入文本"：动画运行时允许用户在文本框内直接输入文字，增加了动画的交互性。三种文本类型只有在动画运行时才有区别。

图 3-17 文本类型

3. 改变文本方向

单击该按钮弹出如图 3-18 所示下拉菜单，可设置文字的排列方向："水平""垂直"或"垂直，从左向右"。

图 3-18 文本方向

4. 位置和大小

选择"文本工具"，在舞台上单击，在"属性"面板上将显示当前文本框的 X 和 Y 坐标、宽度和高度，更改这些数值将改变文本框的位置和大小。

5. 字符

该类别用于设置"字符"的属性。

"系列"：单击弹出字体的下拉菜单，如图3-19所示。

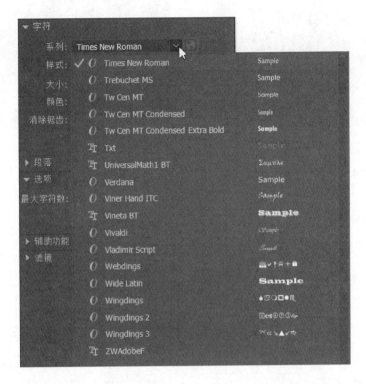

图3-19 系列

"样式"：单击弹出如图3-20所示下拉菜单，依次为"正常""斜体""粗体"和"斜粗体"。

"嵌入"：在发布的动画文件中如果使用了一些特殊字体，其他计算机可能没有这些字体，为了确保动画在任何位置能正常显示，可在发布的动画文件中嵌入所用字体。

"大小"：设置文字的大小，单位是磅。

"字母间距"：设置文字间的距离，单位是点。

"颜色"：设置文字的颜色，单击将弹出"颜色"面板。

"自动调整字距"：自动调整英文字母间的距离。

"消除锯齿"：单击该按钮弹出如图3-21所示下拉菜单，选择一种消除锯齿的选项。

"可选"：动画运行时鼠标能否选中文本框中的文字。

"将文本呈现为HTML"：需要用编程语言设置文本框的属性和赋值。文本框中的文本被认为是HTML代码，使用HTML标签，运行动画时由系统按HTML语言解释文档内容，再将解释结果显示出来。

"在文本周围显示边框"：设置是否显示文本框的边框。

"切换上标"：将所选文字设置或取消上标。

"切换下标"：将所选文字设置或取消下标。

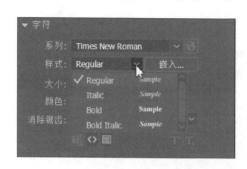

图 3-20 样式

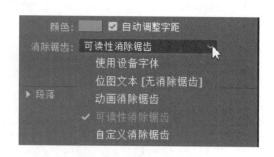

图 3-21 消除锯齿

6. 段落

设置段落的"属性"。

"格式"：设置段落的对齐方式，"左对齐""右对齐""中间对齐"和"两端对齐"。

"间距"：左边的文本框用于设置首行缩进，右边的文本框用于设置行间距。

"边距"：设置文字距左、右边框的距离。

"行为"：文本类型为动态文本或输入文本时此按钮有效，单击此按钮弹出如图 3-22 所示下拉菜单。如果选择"单行"，文字显示在一行，文字超出文本框时将向左滚动；如果选择"多行"，文字超出文本框时将显示在下一行；如果选择"多行不换行"，文字超出文本框时将向左滚动，按回车键，光标将跳到下一行起始位置；只有文本类型为输入文本时才显示"密码"选项，如果选择"密码"选项，输入的文字将显示为"＊"号。

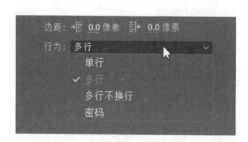

图 3-22 行为

7. 选项

如果文本类型为"静态文本"和"动态文本"，选项栏为"链接"文本框，可在文本框中输入该文字链接的网址，在"目标"下拉列表中有 4 个打开链接的方式选项。如果文本类型为输入文本，选项栏为最大字符数文本框，可在文本框中输入数字，它规定在动画运行时可输入的最多的字符数，如图 3-23 所示。

图 3-23　选项栏

8. 辅助功能

"静态文本"没有辅助功能，"动态文本"的辅助功能与输入文本的相似，如图 3-24 所示为"输入文本"的辅助功能栏，其中使对象可供访问、名称、描述与编程相关。快捷键：指定一个快捷键，动画运行时按快捷键可快速定位该文本框。"Tab"键索引：在多个文本框中按"Tab"键定位文本框的顺序。

图 3-24　辅助功能

9. 滤镜

为文字添加"滤镜"效果。单击"+"按钮，弹出可添加的"滤镜"选项，选择其中一个选项，则文字添加该"滤镜"效果。一个文本框可添加多个"滤镜"，每一个"滤镜"还可调整它的"滤镜"效果，如图 3-25 所示。在应用的"滤镜"中单击一个"滤镜"效果，单击"-"按钮，可删除该滤镜。图3-26所示为使用"投影"和"模糊"后文字的效果。

图3-25 添加"滤镜"

Animate

图3-26 使用"投影"和"模糊"滤镜后文字的效果

3.3.3 "文本"菜单

通过"文本"菜单也可设置文本的属性，单击菜单"文本"弹出如图3-27所示下拉菜单，"大小""样式""对齐"和"字母间距"等菜单项下有相应的子菜单，选择文本对象，再选择相应的菜单命令即可修改文本的属性。

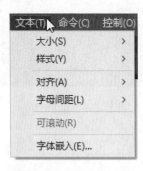

图3-27 "文本"菜单

3.4 修改形状

3.4.1 笔触和填充

用"绘图工具"绘制的图形由笔触和填充或其中之一组成，只能修改笔触的工具有"部分选取工具""钢笔工具"和"宽度工具"。既能修改笔触又能修改填充的工具有"选择工具""任意变形工具"和"资源变形工具"。"任意变形工具"和"资源变形工具"对笔触图形和填充图形的变形效果基本相同。"选择工具"对笔触图形与填充图形的变形效果区别较大。使用"线条工具"画一条宽度为 20 像素的直线，再使用"矩形工具"画一个宽度为 20 像素、只有填充没有笔触的矩形，使用"选择工具"改变它们的形状，结果如图 3-28 所示。可将笔触转换为填充，选中要转换的笔触，选择菜单"修改"→"形状"→"将线条转换为填充"命令，即可将笔触转换成填充。

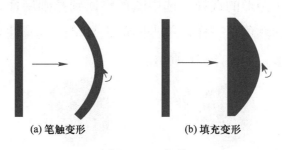

(a) 笔触变形　　　　　(b) 填充变形

图 3-28　变形

3.4.2 分离和组合

1. 分离图形

使用"基本矩形工具"和"基本椭圆工具"绘制的图形、选中绘图工具栏的"对象绘制"按钮绘制的图形、输入的文字、导入的图片等均为组合图形。选中组合图形，选择菜单"修改"→"分离"命令，或按快捷键"Ctrl+B"，即可将图形分离。

2. 组合图形

选中需要组合的对象，选择菜单"修改"→"组合"命令，或按快捷键"Ctrl+G"，即可将所选对象组合成一体。

3. 分离文本

将文字转换为分离图形的操作称为分离文本。文字一旦被分离为分离图形，将丢失其包含的文字信息如文字代码、字体、字号等，可通过撤销操作返回原来的文本状态，但在 Animate 中没有操作可将图形转换成文本。软件市场上有一些图形识别软件可以将图形识别为文字。

选中要分离的文字，选择菜单"修改"→"分离"命令，或按快捷键"Ctrl+B"，将含有多个文字的文本框分离为单字的文本框，这些单字的文本框仍然是文字对象，再次选择菜单"修改"→"分离"命令，或按快捷键"Ctrl+B"，这几个字即成为分离图形，如图 3-29 所示。

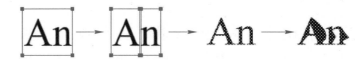

图 3-29　文字分离为分离图形后再进行修饰

3.4.3　分离图形的切割和融合

1. 填充图形切割填充图形

所有分离图形都在一个基础层面，当选中一个分离图形时，该分离图形就处于高的层面，移动选中图形与其他分离图形重叠时，选中图形将覆盖其他分离图形，如图 3-30 所示。在空白位置单击取消对选中图形的选择，选中图形将回到基础层面，在其下方的其他图形像素将丢失，如果两个图形的颜色不一样，单击图形，与单击点属性相同的像素被选中，移动选中图形即可实现切割图形，如图 3-31 所示。

图 3-30　移动图形覆盖固定图形　　　　图 3-31　在其下方的图形像素丢失

2. 笔触之间互相切割

两个笔触图形如果交叉，在交叉点笔触属性将产生变化，单击图形选择属性相同的笔触，实现笔触的切割，如图 3-32 所示。

3. 笔触切割填充图形

将笔触图形移动到填充图形的上面，在空白位置单击取消对笔触的选择，再单击填充图形，选择范围受到了笔触图形的隔断，移动选中的填充图形，即可切割填充图形，如图 3-33 所示。

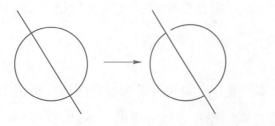

图 3-32　笔触相互切割　　　　　　　　图 3-33　笔触切割填充

4. 填充切割笔触图形

将填充图形移动到笔触图形的上面，在空白位置单击取消选择，在填充图形之下的笔触图形即丢失，切割了笔触图形，如图 3-34 所示。

5. 分离图形的融合

两个填充图形只要颜色相同，就可以融合成一个整体。将填充图形放在另一个相同颜色的填充图形的上面，在空白位置单击取消选定，两个图形即融合，如图 3-35 所示。

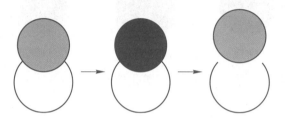
图 3-34　填充切割笔触

图 3-35　图形的融合

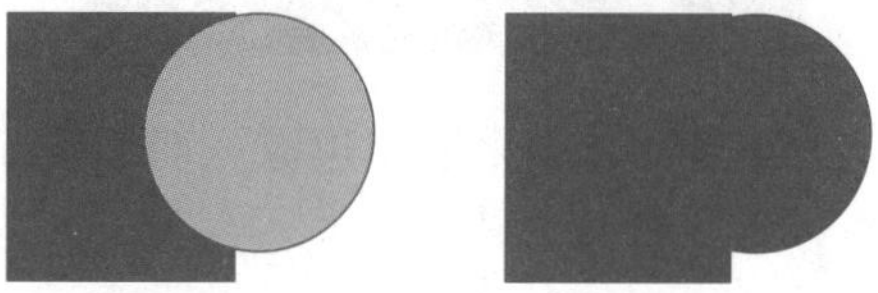

3.4.4　组合图形的切割和联合

组合图形为一个整体，它的切割和联合需要使用专用的菜单命令，选择菜单"修改"→"合并对象"命令，弹出组合图形的切割命令，如图 3-36 所示。画一个圆和一个正方形，将其重叠放置，选中这两个重叠的图形，执行相应的菜单选项，各菜单的执行效果如图 3-37所示。

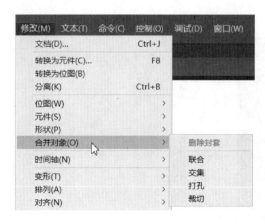
图 3-36　合并对象

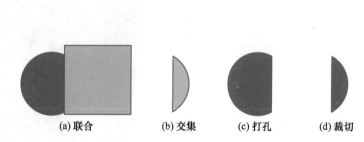

(a) 联合　　(b) 交集　　(c) 打孔　　(d) 裁切

图 3-37　"合并对象"执行效果

3.4.5　柔化填充边缘

为图形添加若干颜色不变、从里向外逐渐透明的边线，使图形的边缘界线模糊不清晰。柔化命令只能应用于填充图形。选中一个填充图形，选择菜单中"修改"→"形状"→"柔化填充边缘"命令，弹出如图 3-38 所示对话框。"距离"用于设置柔化的边线的宽度，单位是像素。"步长数"用于设置边线的条数。"方向"选项中，"扩展"是在原图形的边缘添加逐渐透明的边线；"插入"是将原图形的边缘逐渐透明，效果如图3-39所示。

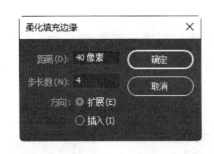

图3-38 "柔化填充边缘"对话框

(a)原图　　(b)扩展　　(c)插入

图3-39 柔化填充效果

3.5 排列对象

3.5.1 "对齐"面板

舞台上多个对象之间可能需要对齐、平均分布间距或保持大小相同；也可能要求对象与舞台的某一个边对齐等。这些功能都可通过"对齐"面板来完成。选择菜单"窗口"→"对齐"命令，打开"对齐"面板，如图3-40所示。面板按钮分为四类，"对齐""分布""匹配大小"和"间隔"。

图3-40 "对齐"面板

在"对齐"面板的下面有一个"与舞台对齐"复选框，如果没有选中"与舞台对齐"复选框，则面板上各命令按钮的操作在各对象之间进行；如果选中"与舞台对齐"复选框，则面板上各命令按钮的操作则相对于舞台。

3.5.2　不选中"与舞台对齐"复选框的对齐命令

选择所有需要调整的对象，然后在面板上选择相应的排列命令。

1. 对齐

左边三个按钮完成垂直方向对齐功能，从左向右依次是"左对齐""水平中齐"和"右对齐"。右边三个按钮完成水平对齐功能，从左向右依次是"顶对齐""垂直中齐"和"底对齐"。

（1）垂直方向对齐。

"左对齐"：所选对象的左边线与最左侧对象的左边线对齐。"水平中齐"：以最左侧对象的左边线为左边界线，以最右侧对象的右边线为右边界线，所选对象的垂直中线对齐到左、右边界线的中间。"右对齐"：所选对象的右边线与最右侧对象的右边线对齐。三种垂直对齐效果如图 3-41 所示。

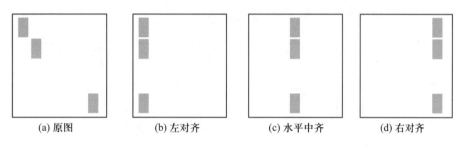

图 3-41　垂直对齐效果

（2）水平方向对齐。

"顶对齐"：所选对象的上边线与最上面对象的上边线对齐。"垂直中齐"：以最上面对象的上边线为上边界线，以最下面对象的下边线为下边界线，所选对象的水平中线对齐到上、下边界线中间。"底对齐"：所选对象的底边线与最下面对象的下边线对齐。三种水平对齐效果如图 3-42 所示。

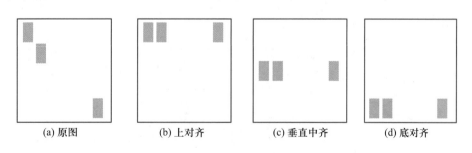

图 3-42　水平对齐效果

2. 分布

左边三个按钮完成垂直方向均匀分布功能，从左向右依次是"顶部分布""垂直居中分布"和"底部分布"。右边三个按钮完成水平方向均匀分布功能，从左向右依次是"左侧分布""水平居中分布"和"右侧分布"。

（1）垂直方向均匀分布。

最上面和最下面的对象固定不动，中间的对象在垂直方向上移动位置，使各对象在垂直方向上间距相等。"顶部分布"：所选对象的上边线之间的间距相等。"垂直居中分布"：所选对象的水平中线之间的间距相等。"底部分布"：所选对象的下边线之间的间距相等。如果对象的高度相等，这三个按钮的执行效果相同。

（2）水平方向均匀分布。

最左面和最右面的对象固定不动，中间的对象在水平方向上移动位置，使各对象在水平方向上间距相等。"左侧分布"：所选对象左边线之间的间距相等。"水平居中分布"：所选对象垂直中线之间的间距相等。"右侧分布"：所选对象右边线之间的间距相等。如果对象的宽度相等，这三个按钮的执行效果相同。垂直和水平均匀分布的效果如图 3-43 所示，最后一个图为先后执行了垂直均匀分布和水平均匀分布。

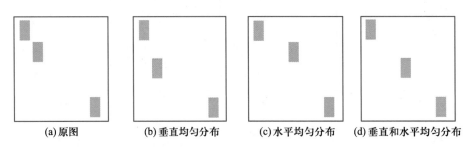

(a) 原图　　　(b) 垂直均匀分布　　　(c) 水平均匀分布　　　(d) 垂直和水平均匀分布

图 3-43　水平和垂直分布效果

3. 匹配大小

按键从左到右依次是"匹配宽度""匹配高度"和"匹配宽和高"。"匹配宽度"：所选对象的宽度与最宽对象的宽度相等。"匹配高度"：所选对象的高度与最高对象的高度相等。"匹配宽和高"：所选对象的宽度与最宽对象的宽度相等，高度和最高对象的高度相等。各匹配按钮的效果如图 3-44 所示。

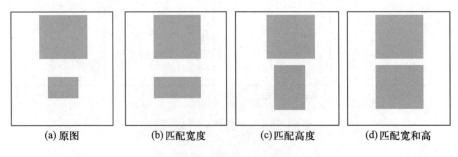

(a) 原图　　　(b) 匹配宽度　　　(c) 匹配高度　　　(d) 匹配宽和高

图 3-44　匹配大小

4. 间隔

最上面和最下面的对象固定不动，"垂直平均间隔"：其他对象在垂直方向上调整位置，使各对象在垂直方向上的间隔相等。"水平平均间隔"：其他对象在水平方向上调整位置，使各对象在水平方向上的间隔相等。效果如图 3-45 所示。

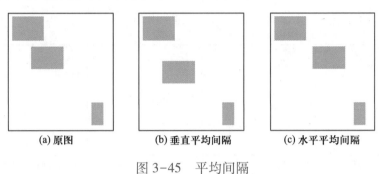

(a) 原图　　　　　　(b) 垂直平均间隔　　　　　　(c) 水平平均间隔

图 3-45　平均间隔

3.5.3　选中"与舞台对齐"复选框的对齐命令

进行的各类排列操作都是相对于舞台。

1. 对齐

"左对齐"：所选对象的左边线与舞台的左边线对齐。"水平中齐"：所选对象的垂直中线与舞台的垂直平分线对齐。"右对齐"：所选对象的右边线与舞台的右边线对齐。"上对齐"：所选对象的上边线与舞台的上边线对齐。"垂直中齐"：所选对象的水平中线与舞台的水平平分线对齐。"底对齐"：所选对象的下边线与舞台的底边线对齐。图 3-46 所示为"左对齐"和"上对齐"的效果。

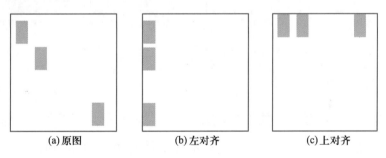

(a) 原图　　　　　　　(b) 左对齐　　　　　　　(c) 上对齐

图 3-46　"左对齐"和"上对齐"的效果

2. 分布

垂直分布的三个按钮的操作是：先使最上面对象的上边与舞台的上边对齐，最下面对象的下边与舞台的底边对齐，然后中间的对象再按照不同的要求平均分布。"顶部分布"：所选对象的上边线之间的间距相等。"垂直居中分布"：所选对象的水平中线之间的间距相等。"底部分布"：所选对象的下边线之间的距离相等。如果对象的高度相等，这三个按钮的执行效果相同。

水平分布的三个按钮的操作是：先使最左面对象的左边与舞台的左边对齐，最右面对象的右边与舞台的右边对齐，然后中间的对象再按照不同的要求平均分布。"左侧分布"：所选对象的左边线之间的间距相等。"水平居中分布"：所选对象的垂直中线之间的间距相等。"右侧分布"：所选对象的右边线之间的间距相等。如果对象的宽度相等，这三个按钮的执行效果相同。图 3-47 所示为垂直分布和水平分布排列的效果。

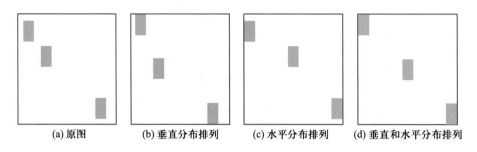

图 3-47　与舞台对齐的垂直分布和水平分布

3. 匹配大小

"匹配宽度"：使对象的宽度与舞台的宽度相等。"匹配高度"：使对象的高度与舞台的高度相等。"匹配宽和高"：使对象的宽度和高度与舞台的宽度和高度相等。各匹配大小效果如图 3-48 所示。

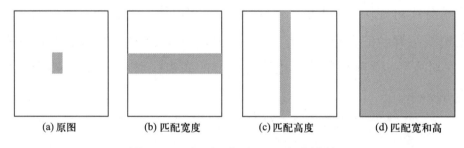

图 3-48　相对于舞台匹配大小效果

4. 间隔

"垂直平均间隔"：最上面对象的上边与舞台的上边对齐，最下面对象的底边与舞台的底边对齐，在垂直方向上调整其他对象，使各对象在垂直方向上的间隔相等。"水平平均间隔"：最左边对象的左边与舞台的左边对齐，最右边对象的右边与舞台的右边对齐，在水平方向上调整其他对象，使各对象在水平方向上的间隔相等。

3.5.4　对齐菜单

选择菜单"修改"→"对齐"命令，弹出"对齐"子菜单，如图 3-49 所示，其命令效果与对齐窗口相同。

图 3-49 "对齐"子菜单

3.5.5 对象的叠放顺序

组合对象在叠放时有上下顺序，上面的对象将遮挡下面的对象。先创建的对象在下面，后创建的对象在上面。选择菜单"修改"→"排列"命令，弹出如图 3-50 所示"排列"子菜单，选择要调整的对象，执行相应命令，即调整了对象的叠放顺序。锁定：将固定所选对象的位置和叠放顺序，不能移动对象和改变对象的叠放顺序。解除全部锁定：取消对对象的锁定。

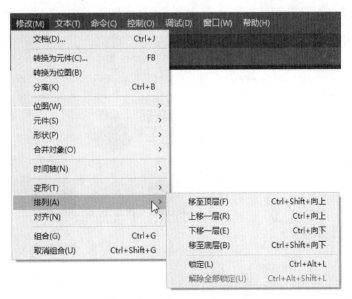

图 3-50 "排列"子菜单

3.6 位图图像

3.6.1 图像文件的类型

计算机中的图片根据工作原理分为矢量图与位图，二者之间有本质的区别。

1. 矢量图

用数学方式描述图形的曲线及曲线围成的色块，它在计算机内部保存的是描述图形的数学公式及其参数。计算机再现这些图形时，根据公式和参数计算出图形的形状，在屏幕上显示出来。这种方式可以使图形无论放大或缩小多少倍都有同样平滑的边缘，不会出现马赛克。矢量图适用于原创制作，如标志设计、图案设计、文字设计、版式设计等，矢量图文件的大小与图形的复杂程度有关，图形越复杂文件越大。用绘图工具画出的图形都是矢量图。

2. 位图

也称像素图或点阵图，如果将位图图形放大到一定的程度，就会发现它是由一个个小方格组成的，这些小方格被称为像素点，放大的像素点就像是马赛克。像素点是图像中最小的元素。位图文件的大小取决于图像中像素点的多少，像素点越多文件越大。拍摄的照片一般为位图，能较好地表现实物的细节。

3.6.2 外部图像的导入

选择菜单"文件"→"导入到舞台"（或"导入到库"）命令，弹出如图 3-51 所示"导入"对话框。选择要导入的图片，然后单击"打开"按钮，图片随即被导入 Animate 中。如果执行"导入到库"命令，系统将图片导入到元件库中；如果执行"导入到舞台"命令，系统先将图片导入到元件库中，再在舞台上创建该图片的一个实例，其实质是指向图片的指针。

图 3-51 "导入"对话框

3.6.3　位图转换为矢量图

　　将位图导入舞台，选中位图，选择菜单"修改"→"位图"→"转换位图为矢量图"命令，弹出如图 3-52 所示"转换位图为矢量图"对话框。"颜色阈值"：在转换过程中，位图中的两个像素进行比较，如果它们的颜色值的差异低于设定的阈值，则两个像素被视为相同颜色进行转换，即丢失一些像素的颜色信息。颜色阈值越大，丢失的颜色信息越多，转换后的图像质量下降，但文件尺寸小；反之丢失颜色少，图像质量高，文件尺寸大。"最小区域"：小于此数值的像素的颜色变化将被忽略。"角阈值"：图形的尖角或拐角的转换原则。"曲线拟合"：将位图中离散的点识别为曲线的原则。设定好参数后，单击"确定"按钮，将位图转换为矢量图。

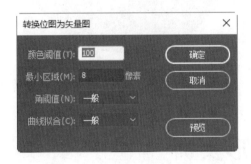

图 3-52　"转换位图为矢量图"对话框

3.6.4　位图填充

　　位图可作为填充色填充图形。打开"颜色"面板，单击"颜色类型"按钮，在弹出的列表中选择"位图填充"，如果元件库中没有位图，则弹出"导入"对话框，选择图片文件，单击"打开"按钮，将位图导入到库。如果库中存在位图，在颜色面板上将显示位图的缩略图，选择其中一个位图，绘制图形时将使用所选择的位图填充图形，如图 3-53 所示。

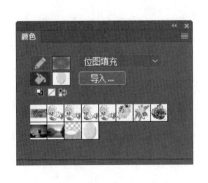

图 3-53　位图"颜色"面板和"填充图形"

　　"魔术棒"是位图填充的专用工具，与"套索工具"和"多边形工具"同在一个工具组中，用于选择位图填充中颜色相近的区域。选择"魔术棒"，在图片上单击，与单击点颜色相似的连续像素被选中，可对选中的部分更改颜色或删除等，如图 3-54 所示。

图 3-54　选择颜色相似连续像素

3.7　制作复杂图形实训

实训 1　制作带阴影的小球

　　图 3-55 所示图形为一个带阴影小球，它由立体小球和阴影两部分组成，绘制步骤如下：

　　（1）新建文档，选择"椭圆工具"，选择菜单"窗口"→"颜色"命令，打开"颜色"面板。在"颜色"面板中设置笔触颜色为无，即不加边框，设置填充颜色为淡灰色，在舞台上绘制一个椭圆。选择"任意变形工具"，将椭圆转动一个角度，形成阴影的效果，如图 3-56 所示。

　　（2）选择"椭圆工具"，打开"颜色"面板，设置笔触颜色为无，单击"填充颜色"按钮，选择颜色类型为"径向渐变"，选择渐变颜色条左边的滑块，设置为白色，再将右边的滑块设置为黑色，在舞台上画一个圆。

　　（3）选择"颜料桶工具"，单击圆的左上角，即从圆的左上角填充渐变色，使圆有光照的立体效果。选择"渐变变形工具"调整渐变色，使效果最佳，如图 3-57 所示。

　　（4）将小球拖到阴影的上方，调整它们之间的相对位置，使用"渐变变形工具"和"任意变形工具"调整光照方向和阴影的倾斜角度，达到最佳效果。

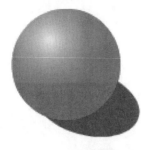

图 3-55 带阴影的小球　　　　图 3-56 阴影　　　　图 3-57 小球

实训 2　制作暂停按钮

制作效果如图 3-58 所示，具体操作步骤如下：

（1）新建文档。选择"椭圆工具"，打开"颜色"面板，设置笔触颜色为无，选择填充颜色类型为"径向渐变"，在颜色渐变条上添加一个滑块，设置各滑块的颜色值，3 个滑块的 H 为 0，S 为 0%，B 为 40%，左滑块的 A 为 100%，中间滑块的 A 为 83%，右滑块的 A 为 0%。用设定好的颜色在舞台上画一个圆，效果如图 3-59 所示。使用"选择工具"选择图形，按快捷键"Ctrl+G"将其组合。

图 3-58 暂停按钮　　　　图 3-59 一个灰色渐变的圆

（2）选择"椭圆工具"，在"颜色"面板上设置笔触颜色为黑色，A 值为 50%。单击"填充颜色"按钮，设置颜色类型为"径向渐变"，在颜色渐变条上添加 2 个滑块，如图 3-60 所示，从左至右各滑块的颜色为（R:213；G:255；B:215；A:100%），（R:29；G:164；B:0；A:100%），（R:97；G:239；B:0；A:100%），（R:0；G:74；B:0；A:100%）。画一个略小的绿色渐变圆，如图 3-61 所示。

（3）选择绿圆，按快捷键"Ctrl+G"将其组合。将绿色渐变的圆移动到灰色渐变的圆上，位置如图 3-62 所示。

（4）选择"矩形工具"，设置边框色为无，填充色为黑色，"Alpha"值为"70%"，画一个矩形。将该矩形复制生成一个新的矩形，平行放置 2 个矩形，如图 3-63 所示。选择绘制的矩形，按快捷键"Ctrl+G"将其组合。

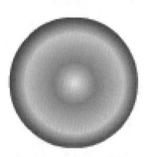

图 3-60 径向渐变色的参数设置　　　　　图 3-61 绿色渐变圆

（5）将矩形移动到圆上，调整图形的大小和相互之间的位置，得到一个暂停按钮。

图 3-62 两个圆的位置排列　　　　　图 3-63 画 2 个矩形

实训 3 注册页面

制作效果如图 3-64 所示，具体操作步骤如下：

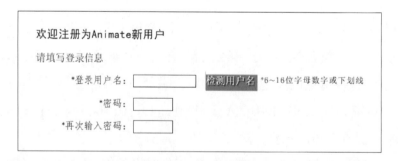

图 3-64 注册页面

（1）新建文档。选择"文本工具"，打开"属性"面板，设置文本类型为"静态文本"，"系列"为"黑体"；"大小"为"30磅"，"颜色"为"黑色"，"可选"按钮、"在文本周围显示边框"按钮等未被选中，格式为左对齐，其他默认，如图 3-65 所示。在舞台中单击新建文本框，在文本框中输入文字"欢迎注册为 Animate 新用户"。使用"选择工具"将制作完成的文本框移到舞台的左上角。

（2）选择"文本工具"，在"属性"面板上设置："系列"为"宋体"；"大小"为"27磅"，其他与上一个文本框相同，单击舞台新建文本框，输入文字"请填写登录信息"。使用"选择工具"将完成的文本框移动到上一个文本框的下面。

（3）选择"文本工具"，设置属性："系列"为"仿宋"，消除锯齿为"动画消除锯齿"，格式为"右对齐"，其他与上一个文本框相同，新建文本框，输入文字"＊登录用户名"。选中文本框中"＊"字符，在"属性"面板上选中"切换上标"按钮，如图 3-66 所示，将文本框移到上一个文本框的下面偏右位置。

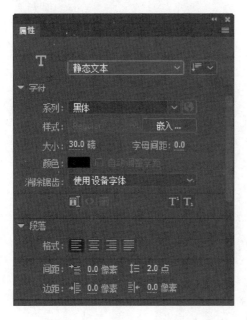

图 3-65　设置文字属性 1

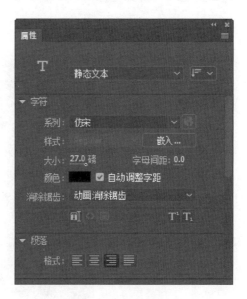

图 3-66　设置文字属性 2

（4）按照步骤 3 的方法建立"＊密码"文本框和"＊再次输入密码"文本框，并摆放好位置。

（5）选择"文本工具"，设置属性：文本类型为"输入文本"，选中"在文本周围显示边框"按钮，格式为左对齐，行为为单行，其他与上一个相同，如图 3-67 所示，在舞台上拖动鼠标，生成一个长条形的文本框，将文本框移到"＊登录用户名"的右边。

（6）选择"文本工具"，设置属性："行为"为"密码"，其他与上一个相同，如图 3-68所示，生成一个长条形的文本框，将文本框移到"＊密码"的右边。再生成一个相同的文本框，将其移到"＊再次输入密码"的右边。

（7）选择"文本工具"，设置属性：文本类型为"静态文本"，"系列"为"宋体"，取消"在文本周围显示边框"按钮，格式为"左对齐"，颜色为白色，其他与上一个相同，新建文本框，输入文字"检测用户名"。单击"选择工具"，选中所创建的文本框，在"属性"

面板的滤镜中添加投影，如图 3-69 所示。

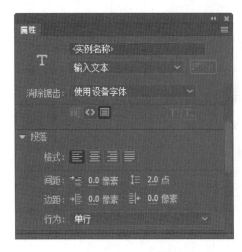

图 3-67　设置文字属性 3

图 3-68　行为："密码"

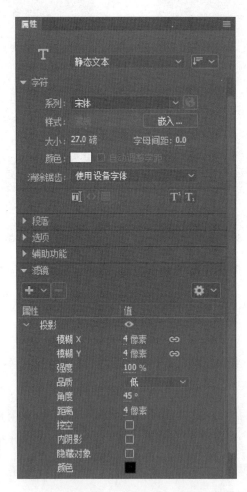

图 3-69　设置文字属性 4

（8）选择"矩形工具"，设置边框颜色为无，填充颜色为红色，在舞台上画一个矩形，大小正好覆盖"检测用户名"文本框。将红色的矩形和"检测用户名"文本框重叠在一起，放置在用户名输入文本框的右边。

（9）选择"文本工具"，在"属性"面板上设置：颜色为黑色，字体为22磅，不使用滤镜，其他与上一个相同，新建文本框，键入文字"＊6~16位字母数字或下划线"，将其移到上一个文本框的右边。

实训 4　制作五彩字

在网页设计中，各种样式的五彩字十分醒目，下面制作如图3-70所示五彩字。

图 3-70　五彩字

（1）新建文档，选择"文本工具"，在舞台中单击，输入文字"Animate"。单击"选择工具"，选中刚输入的文字，选择菜单"修改"→"分解"命令，将文字分解为单字符，再选择菜单"修改"→"分解"命令，将文字分解为矢量图形。或连续按两次快捷键"Ctrl+B"。

（2）选择"墨水瓶工具"，设置笔触颜色为黑色，用墨水瓶依次单击"Animate"文字，对文字添加边框线条，如图3-71所示。

图 3-71　添加边缘线条

（3）单击"选择工具"，单击字母内部的填充部分，按"Delete"键将填充部分删除，只留下线条部分，形成空心字，如图3-72所示。

Animate

图 3-72　删除填充部分

（4）选择"矩形工具"，设置填充色为无，笔触颜色任意，画一个矩形边框，使矩形的大小刚好可容纳"Animate"几个字。

（5）选择"颜料桶工具"，打开"颜色"面板，选择"填充颜色"按钮，选择颜色类型为"线性渐变"，调整渐变色，然后按住鼠标左键在矩形框中从下向上拖动，将矩形区域填充为由下向上的渐变色,如图3-73所示。

图3-73 填充渐变色

(6)选择"选择工具",选中"Animate"空心字,将空心字拖到矩形框内,如图3-74所示。

图3-74 将空心字拖到矩形框内

(7)在空白位置单击,取消文字的选择。再单击文字周围的填充色块,按Delete键删除填充色块。选择"渐变变形工具",单击文字,鼠标拖动控点调整填充方向,产生倾斜的光影效果,如图3-75所示。

图3-75 旋转填充

实训5 制作风景画

制作效果如图3-76所示,操作步骤如下:

(1)新建文档,选择菜单"文件"→"导入"→"导入到库"命令,在弹出的对话框中选中一个图片文件,单击"确定"按钮,图片被导入到库。

(2)选择"椭圆工具",设置笔触颜色为无,填充色为位图填充,在列出的位图缩略图中选择导入的图片,在舞台上画一个椭圆。选择"矩形工具",画一个与椭圆大小相当的矩形。选择"文本工具",在"属性"面板上设置适当大小,输入文字"风景如画",使用"任意变形工具"将文字放大到与矩形大小相当,如图3-77所示。

图 3-76 别致的风景画

图 3-77 导入图片

（3）选中文字，两次选择菜单"修改"→"分离"命令，将文字分解。选中文字，选择菜单"修改"→"形状"→"扩展填充"命令，打开"扩展填充"对话框，在对话框中的"距离"文本框中输入"8 像素"，选择"方向"为"扩展"，单击"确定"按钮将笔画变粗，如图 3-78 所示。

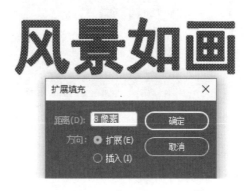

图 3-78 "扩展填充"设置

（4）选择"墨水瓶工具"，设置笔触颜色为黑色，笔触大小为 6，依次单击文字对文字添加边框线条。单击"选择工具"，单击内部的填充部分，按"Delete"键将填充部分删除，形成空心字，再将空心字拖到矩形框内，如图 3-79 所示。

图 3-79 用位图填充文字

（5）在空白位置单击，取消文字的选择。单击文字周围的填充色块，按 Delete 键删除。依次选择每个字，选择菜单"修改"→"组合"命令，将其组合。拖动文字到适当的位置。选择"任意变形工具"，调整文字至适当大小，旋转至合适角度。

（6）选择"矩形工具"，在"属性"面板上设置笔触颜色为黑色，填充颜色为无，按住 Shift 键在舞台上画一个小正方形。选择"选择工具"，单击其中一个垂直边，复制生成一条新垂线，选择菜单"窗口"→"变形"命令，打开"变形"面板，在"缩放高度"文本框中输入"300"，生成一条长垂线，如图 3-80 所示。

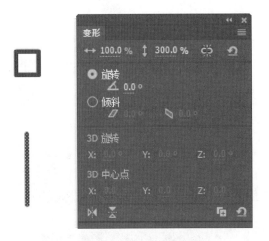

图 3-80 生成长垂线

（7）选择正方形和长垂线，选择菜单"窗口"→"对齐"命令，打开"对齐"面板，单击"右对齐"和"顶对齐"，将图形组合，如图 3-81 所示。

（8）使用"变形"和"对齐"面板形成如图 3-82 所示图形。选中刚制作的图形，复制、粘贴再生成 3 个相同的形状，选择菜单"修改"→"变形"→"垂直翻转"命令和"修改"→"变形"→"水平翻转"命令，分别调整新生成的 3 个角的图形，将 4 个图形放在风景画的四角，最后用直线将 4 个角的图形连接起来。

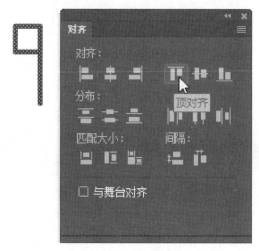

对齐
对齐：
顶对齐
分布：
匹配大小：
间隔：
与舞台对齐
图 3-81 “对齐”设置

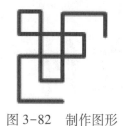

图 3-82 制作图形

巩固与提高

1. 制作如图 3-83 所示凸起的圆形按钮，它是将两个光照方向不同的立体小球叠加而成的。

2. 制作如图 3-84 所示的按钮。

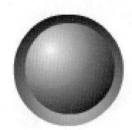

图 3-83 立体按钮

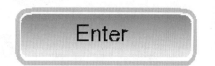

Enter
图 3-84 按钮

3. 制作如图 3-85 所示个人简历。

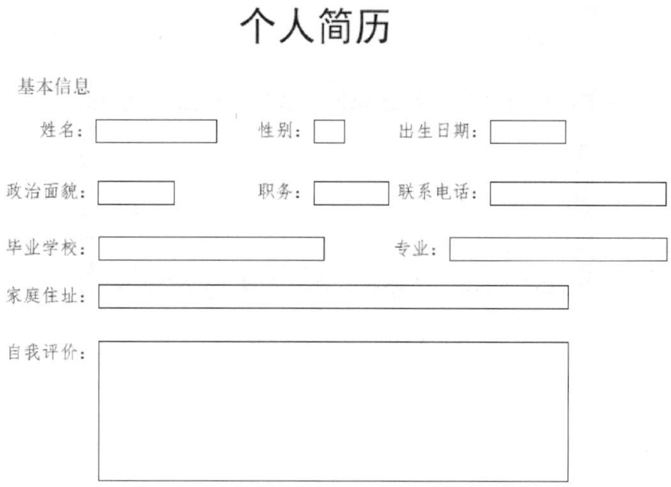

个人简历
基本信息
姓名：
性别：
出生日期：
政治面貌：
职务：
联系电话：
毕业学校：
专业：
家庭住址：
自我评价：
图 3-85 个人简历

4. 制作如图 3-86 所示的立体文字。

5. 制作如图 3-87 所示的文字。

图 3-86 立体文字　　　　　　　图 3-87 点状边线文字

6. 制作如图 3-88 所示立体扇形图形，四个扇形颜色分别为红、黄、蓝、绿。

7. 做一个由五个椭圆融合的五瓣花，如图 3-89 所示。

8. 制作铜板，外圆内方，如图 3-90 所示。

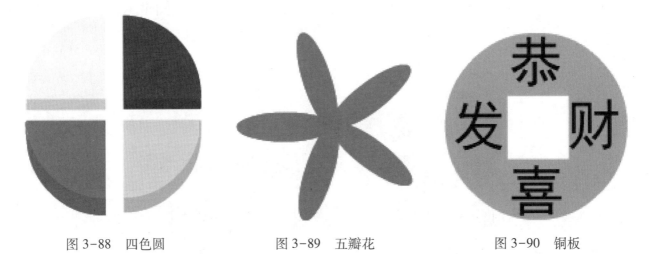

图 3-88 四色圆　　　　　图 3-89 五瓣花　　　　　图 3-90 铜板

9. 制作镂空字匾，长方形的匾上有镂空的文字"Animate"，如图 3-91 所示。

图 3-91 镂空的字匾

10. 做一个翻书页的效果，要求有三张书页以不同角度张开，如图 3-92 所示。

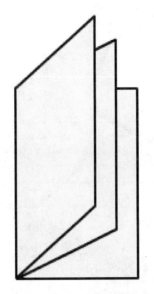

图 3-92 翻书页的效果

11. 把一幅风景画加工为圆形，周围环绕文字"蓝天白云"，如图 3-93 所示。

图 3-93 文字围绕图片

第**4**章
简单 **Animate** 动画

4.1 基础知识

4.1.1 动画原理

　　动画就是连续播放的一系列画面，各画面之间有很小的差异，当它们以一定速度连续播放时，利用人眼的视觉暂留特性产生运动的效果。所谓视觉暂留是指人眼在观察景物时，当所观察的物体消失、光停止作用后，在 0.1s 内人的大脑还保留着物体的影像。因此，快速地切换各个相似的画面，使画面在人的大脑中的影像消失前播放出下一幅画面，就会给人的大脑造成一种物体持续运动的视觉效果，电影、电视等都是基于这个原理工作的。

　　播放动画的过程也就是让一张张静态的图片连续显示、让图像"活动"起来的过程。它通过制作或拍摄一系列连续画面，产生的动态视觉效果。制作动画的关键是创作一幅幅连续的画面，每一幅画面称为一"帧"。在 Animate 动画中，帧是最基本、最重要的概念，它有多种类型，贯穿于动画制作的全过程。

4.1.2 帧

　　在 Animate 中，动画的一个画面称为一帧，为了方便地掌握各画面的前后顺序，一帧画面用一个小方格表示,再将这些小方格按播放的顺序排列起来,形成时间轴。选择菜单"窗口"→"时间轴"命令,打开"时间轴"面板,如图4-1所示。面板左侧为图层,右侧为一系列小方格,每一个小方格代表一个帧。时间轴上有一个红色的竖线,称为帧指针(也称播放头)。帧指针所在帧为当前帧,当前帧的画面显示在舞台和工作区上,可通过单击鼠标在帧之间进行切换,即改变当前帧。为了便于计算时间轴上帧的位置,在帧的上面每隔5帧标志一个数字。播放动画时,帧指针沿着时间轴由左向右连续移动,显示每一帧的画面。时间轴上方最左侧的数字为"当前帧",显示当前帧所在的帧数。中间的数字为"运行时间",表示从起始播放到当前帧需要的时间。右面的数字为"帧频"也称"帧速率",表示1 s播放的帧数目。不同类型的帧采用不同的表示方法。

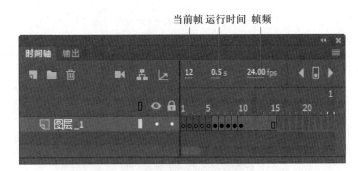

图4-1 时间轴

1. 空白帧

不包含任何对象,相当于一张空白的影片。在图4-1中,第15帧之后的帧均为空白帧。帧指针无法移动到空白帧上,也无法在其上绘制图形,在空白帧上可建立其他类型的帧。

2. 关键帧

关键帧就是在动画中起关键性作用的帧,可以在其上绘制图形,用户大部分的工作是在关键帧上完成的。如果关键帧中没有对象,即该帧的工作区和舞台上是空白的,称为空白关键帧,在时间轴上用空心的圆点表示,在图4-1中1~5帧为空白关键帧。如果关键帧中有对象,称为实关键帧,在时间轴上用实心圆点表示,图4-1中6~10帧为实关键帧。

在空白关键帧的工作区上添加了一个对象,如画一条直线或一个圆,空白关键帧自动转换为实关键帧,时间轴帧上的空心圆点变为实心圆点;将实关键帧工作区上的所有对象全部删除,实关键帧自动转换为空白关键帧,实心圆点变为空心圆点。通常将实关键帧简称关键帧。

3. 普通帧

普通帧延续其前面的关键帧的内容,即与其前面关键帧的内容相同。在普通帧上绘画即相当于在前面的关键帧上绘画。在时间轴上用连续的颜色表示,用一个空白的矩形框表示结束,图4-1中11~15帧为普通帧。

4.2 帧动画

帧动画是一种常见的动画形式，它的每一帧均是手工绘制的，可表现任何想表现的内容。帧动画常用于制作复杂、细腻的动画效果（如急转身等），具有非常大的灵活性，但是由于需要对每一帧中的内容单独进行编辑制作，增加了制作动画的时间和成本，最终输出的动画文件体积也很大。

4.2.1 制作帧动画

下面通过一个制作实例来学习帧动画的制作过程。操作步骤如下：

（1）新建文档，选择菜单"修改"→"文档"命令，打开"文档设置"对话框，设定舞台颜色为白色，帧频为6，如图 4-2 所示，单击"确定"按钮。

图 4-2 设定文档属性

（2）选择"多角星形工具"，打开"属性"面板，设置笔触颜色为无，填充颜色为红色，单击"工具设置"中的"选项"按钮，打开"工具设置"面板，设置样式为"多边形"，边数为"3"，单击"确定"按钮。在舞台上拖动鼠标，绘制一个无边框三角形，如图 4-3 所示。

（3）右击时间轴的第 2 帧，选择"插入关键帧"命令，如图 4-4 所示。在第 2 帧插入关键帧，同时将第 1 帧的内容复制到第 2 帧。

（4）单击"选择工具"，拖动三角形的右下顶点，使这个三角形稍微变形，如图 4-5 所示。

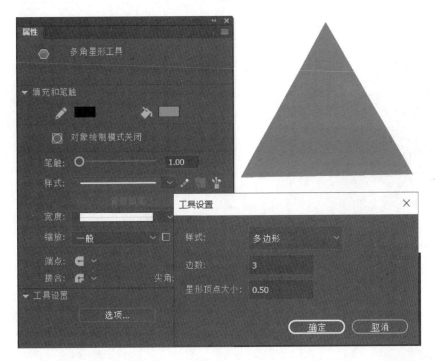

图 4-3　绘制一个三角形

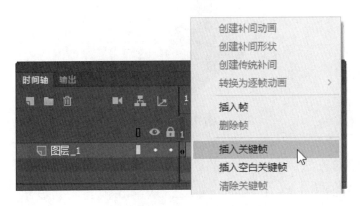

图 4-4　"插入关键帧"

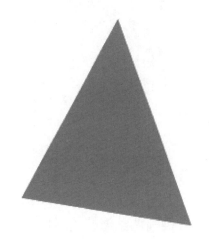

图 4-5　拖动右下顶点

（5）选择"多角星形工具"，设置填充颜色为黄色，绘制一个黄色小三角形。使用"选择工具"调整黄色三角形的形状，并放在红色三角形的右侧，形成一个三棱锥的侧面图，如图 4-6 所示。

（6）单击第 3 帧，选择菜单"插入"→"时间轴"→"关键帧"命令，如图 4-7 所示，在第 3 帧建立一个关键帧，并自动复制第 2 帧的内容到第 3 帧。

（7）使用"选择工具"调整图形的形状，使红色面积缩小，黄色面积增大，如图 4-8 所示。

（8）单击第 4 帧，按 F6 键，在第 4 帧插入关键帧，并复制第 3 帧的内容。调整图形的形状，如图 4-9 所示。

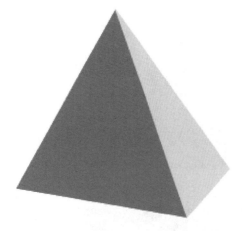

图 4-6 第 2 帧

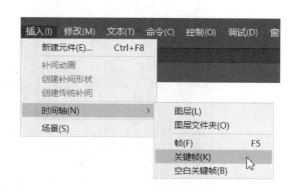

图 4-7 插入关键帧

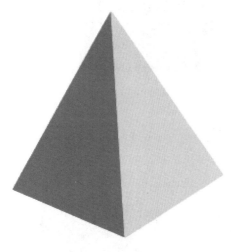

图 4-8 调整图形的形状 1

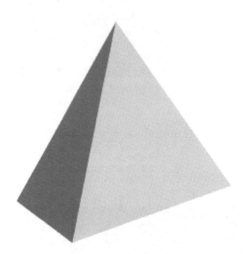

图 4-9 调整图形的形状 2

（9）使用上述任意一种创建关键帧的方法，在时间轴的第 5~12 帧插入关键帧，每插入一个关键帧调整该帧的图形，各帧的画面如图 4-10 所示。注意，从第 6 帧开始，显示三棱锥的另一面，颜色为橙色，从第 10 帧开始，显示三棱锥的起始面，颜色为红色。

（10）按回车键，可看到旋转的三棱锥的动画，时间轴显示如图 4-11 所示。

第5帧　　　　　　　　　第6帧　　　　　　　　　第7帧

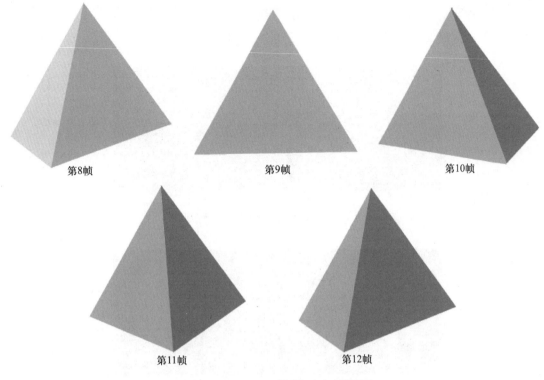

图 4-10　5~12 帧所对应的画面

图 4-11　时间轴显示

4.2.2　帧的操作

用户可对帧进行各种的编辑操作，如改变帧的顺序，复制、删除帧等。

1. 选择帧

单击某帧即可选择此帧。如果需要选择多帧，先单击第 1 帧，按住"Shift"键，再单击其他帧，则选择连续的帧；按住"Ctrl"键，单击其他帧，则选择不连续的帧，被选中的帧反亮显示，如图 4-12 所示。

2. 移动帧

使用拖动鼠标的方法可将帧拖到新位置上。选中一帧或多帧，当鼠标放在被选中的帧上时，鼠标指针的下面有一个方框。按住鼠标左键并拖动，在时间轴上有一个浅色的方框随鼠标移动，表示移动的目的地，如图 4-13 所示，松开鼠标，被选中帧移动到了新的位置上。

原来位置的帧被清空，变为普通帧，如果移走的是第 1 帧，第 1 帧将变为空白关键帧。移动的目的帧如果是关键帧，目的帧上的所有信息将被清除。

图 4-12　选择连续帧或不连续帧

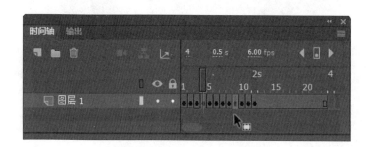

图 4-13　移动帧

3. 插入普通帧

选中某一帧，选择菜单"插入"→"时间轴"→"帧"命令或右击选中的帧，选择"插入帧"命令或按"F5"键，均可插入普通帧。如果选中的不是空白帧，则在选中帧之后插入普通帧，后面的帧依次后移。如果选中的为空白帧，将选中帧和最后一个关键帧之间的所有空白帧转换为普通帧。

4. 插入关键帧

选中某一帧，选择菜单"插入"→"时间轴"→"关键帧"命令或右击选中的帧，在弹出的快捷菜单中选择"插入关键帧"命令或按"F6"键，插入关键帧。插入关键帧后，将前一个关键帧中的对象复制到新建的关键帧。如果选中的帧是关键帧，其后面紧邻的帧依然为关键帧，执行此命令无效。如果选中的帧是关键帧，后面紧邻的帧为普通帧或空白帧，执行此命令后其后面紧邻的帧转换为关键帧。如果选中的帧是普通帧，执行此命令普通帧转换为关键帧。如果选中的帧为空白帧，执行此命令将空白帧转换为关键帧，与上一个关键帧之间的空白帧转换为普通帧。

5. 插入空白关键帧

单击选中某一帧，选择菜单"插入"→"时间轴"→"空白关键帧"命令或右击选中的帧，选择"插入空白关键帧"命令。如果选中的帧是关键帧，后面紧邻的帧依然为关键帧，执行此命令无效。如果选中的帧是关键帧，后面紧邻的帧为普通帧或空白帧，执行此命令后其后面紧邻的帧变为空白关键帧。如果选中的帧是普通帧，执行此命令普通帧转换为空白关键帧。如果选中的帧为空白帧，执行此命令空白帧转换为空白关键帧，与上一个关键帧之间的空白帧转换为普通帧。

6. 删除帧

选中某一帧，选择菜单"编辑"→"时间轴"→"删除帧"命令（如图 4-14 所示）。或右击选中的帧，选择"删除帧"命令或使用组合键"Shift+F5"，删除帧。当一个帧被删除后，后面的帧自动向前移动。如果选中的关键帧后面有普通帧，关键帧保持不变，删除其后面的普通帧。

图 4-14　"时间轴"菜单

7. 清除关键帧

删除选中帧上的所有对象，将关键帧转换为普通帧。选定一个帧，选择菜单"修改"→"时间轴"→"清除关键帧"命令，如图 4-15 所示；或右击选中的帧，选择"清除关键帧"命令，如图 4-16 所示。

8. 转换为关键帧

选中一帧，选择菜单"修改"→"时间轴"→"转换为关键帧"命令；或右击选中的帧，选择"转换为关键帧"命令。如果选中的帧是关键帧，其后面紧邻的帧为关键帧或空白关键帧，执行此命令无效。如果选中的帧是关键帧，其后面紧邻的帧为普通帧或空白帧，执行此命令其后面的帧转换为关键帧。如果选中的是普通帧，执行此命令将普通帧转换为关键帧。如果选中的帧为空白帧，执行此命令空白帧转换为关键帧，与上一个关键帧之间的空白帧转换为普通帧。

图 4-15　"清除关键帧"方法 1

图 4-16　"清除关键帧"方法 2

9. 转换为空白关键帧

选中一帧，选择菜单"修改"→"时间轴"→"转换为空白关键帧"命令；或右击选中的帧，选择"转换为空白关键帧"命令。此命令只对空白帧或普通帧有效。如果选中的是普通帧，执行此命令将普通帧转换为空白关键帧。如果选中的帧为空白帧，执行此命令空白帧转换为空白关键帧，与上一个关键帧之间的空白帧转换为普通帧。

10. 剪切帧

选中一帧，选择菜单"编辑"→"时间轴"→"剪切帧"命令；或右击选中的帧，选择"剪切帧"命令。将选中帧的所有对象剪切到剪贴板中，选中帧转换为空白关键帧。如果选中帧后面紧邻帧为普通帧，则其后面紧邻帧转换为关键帧。

11. 复制帧

选中一帧，选择菜单"编辑"→"时间轴"→"复制帧"命令；或右击选中的帧，选择"复制帧"命令，将选中帧的所有对象复制到剪贴板中。

12. 粘贴帧

选中一帧，选择菜单"编辑"→"时间轴"→"粘贴帧"命令；或右击选中的帧，选择"粘贴帧"命令，将剪贴板中的对象粘贴到当前帧上。如果选中的帧为关键帧，此帧中原有的信息将丢失；如果选中的帧为普通帧，此帧将转换为关键帧；如果选中帧为空白帧，空白帧转换为关键帧，与上一个关键帧之间的空白帧转换为普通帧。

13. 清除帧

选中一帧，选择菜单"编辑"→"时间轴"→"清除帧"命令；或右击选中的帧，选择"清除帧"命令。如果被选中帧为关键帧，此帧上的所有内容均被删除，该帧转换为空白关键帧。如果被选中帧为普通帧，该帧转换为空白关键帧。如果选中帧后面紧邻帧为普通帧，则后面紧邻帧转换为关键帧。

14. 选择所有帧

选择菜单"编辑"→"时间轴"→"选择所有帧"命令；或右击某一帧，选择"选择所有帧"命令，选中所有帧。

15. 翻转帧

选择一组连续帧，选择菜单"修改"→"时间轴"→"翻转帧"命令；或右击选择帧，选择"翻转帧"命令，将选中的帧的顺序翻转，使动画反向播放。

4.2.3 时间轴播放按钮

图 4-17 所示为播放动画的相关按钮。

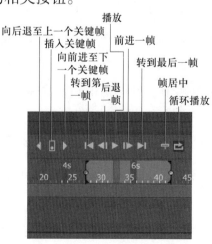

图 4-17 动画播放相关按钮

"向后退至上一个关键帧"：帧指针向后移动到最近的关键帧上。

"插入关键帧"：选择菜单"插入"→"时间轴"→"关键帧"命令、右击选中的帧选择"插入关键帧"命令或按"F6"键。

"向前进至下一个关键帧"：帧指针向前移动到最近的关键帧上。

"转到第一帧"：帧指针跳转到动画的第 1 帧。

"后退一帧"：帧指针向后退 1 帧。

"播放"：与按回车键功能相同，从当前位置开始播放动画，此方式只能播放简单的不包含元件的动画。

"前进一帧"：帧指针向前进 1 帧。

"转到最后一帧"：帧指针跳转到动画的最后 1 帧。

"帧居中"：如果动画的帧数超出时间窗口的范围，编辑动画时有时找不到当前帧，单击此按钮，系统自动将帧指针所在的帧显示在时间窗口的中间。

"循环"：如果不按下此按钮，动画播放到最后 1 帧自动停止，如果按下此按钮，在时间轴上将出现 2 个括号标记，播放动画时将循环播放标记内的帧，鼠标可拖动标记改变动画的播放范围。

4.2.4 帧的显示

在时间轴面板上有关于帧的显示模式的控制按钮和改变时间轴显示比例的按钮，如图 4-18 所示，单击"绘图纸外观""绘图纸外观轮廓"或"编辑多个帧"按钮时，时间轴上将显示 2 个括号标记，可用鼠标拖动标记左右移动。

1. 绘图纸外观

默认状态下舞台只显示当前帧的图形，单击"绘图纸外观"按钮，时间轴上将显示 2 个括号标记，当前帧上图形正常显示，同时以不同透明度显示括号标记内的其他帧的图形，图 4-19 所示为以"绘图纸外观"模式显示动画的第 46~50 帧，这 5 个帧上的图形相同，只是位置不同，当前帧是第 48 帧，正常显示，46、47 和 49、50 帧上的图形则以透明的方式显示出来。"绘图纸外观"模式使相邻帧上的图形的位置关系一目了然。

2. 绘图纸外观轮廓

单击"绘图纸外观轮廓"按钮，时间轴上将显示 2 个括号标记，当前帧的图形正常显示，括号标记内的其他帧的图形将只显示其轮廓线，如图 4-20 所示。

3. 编辑多个帧

单击"编辑多个帧"按钮，当前帧及其相邻关键帧上的图形均正常显示出来，设计人员可以对所有显示的帧上的对象进行编辑。

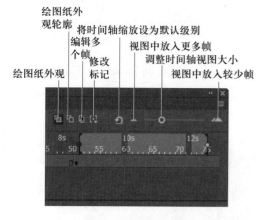

图 4-18 显示模式按钮

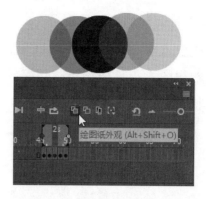

图 4-19 "绘图纸外观"显示模式

4. 修改标记

单击"修改标记"按钮后，弹出如图 4-21 所示"修改标记"对话框。

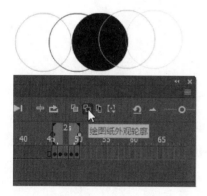

图 4-20 "绘图纸外观轮廓"显示模式

图 4-21 "修改标记"对话框

"始终显示标记"：无论"绘图纸外观"是否打开，时间轴上都显示标记。但只是显示标记，不一定显示标记帧的内容。

"锚定标记"：通常情况下，标记随当前帧的改变而改变，选择此选项后，标记将被固定，不再随当前帧的改变而改变。如果帧指针不在标记范围内，将只显示当前帧上的对象，不显示标记帧上的对象。

"切换标记范围"：当"锚定标记"被选中时此命令有效，如果帧指针不在标记范围内，选择此命令将移动左右标记，使帧指针落在标记范围内。

"标记范围 2"：时间轴上的左括号标记在当前帧向左 2 个帧上，右标记在当前帧向右 2 个帧上。

"标记范围 5"：时间轴上的左括号标记在当前帧向左 5 个帧上，右括号标记在当前帧向右 5 个帧上。

"标记所有范围"：时间轴上的左括号标记在第 1 帧上，右括号标记在最后帧上。

"获取'循环播放'范围"：使标记范围与循环播放范围相同。

5. 改变时间轴的显示比例

视图中放入更多帧：缩小时间轴；视图中放入较少帧：放大时间轴，如图 4-22 所示；调整时间轴视图大小：拖动小圆圈缩放时间轴；将时间轴缩放设为默认级别：恢复时间轴到默认显示状态。

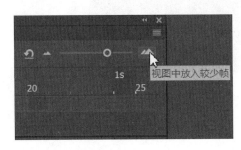

图 4-22　改变时间轴的显示比例

4.2.5　与动画播放相关的其他功能

1. 播放动画菜单和时间轴菜单

单击"控制"菜单，如图 4-23 所示。其中，"播放""后退""转到结尾""前进一帧""后退一帧""向前步进至下一个关键帧"以及"向后步进至上一个关键帧"等选项的功能与时间轴上的相关按钮相同。"时间轴"子菜单中的"帧居中""范围内循环""绘图纸外观""绘图纸外观轮廓""编辑多个帧"以及"修改标记"等选项的功能与时间轴上的帧显示相关按钮相同。如果选择测试选项或按组合键"Ctrl+Enter"，系统对当前文档进行编译，生成文件名相同、扩展名为 .swf 的动画播放文件，再使用 Flash Player 播放器对其进行播放，显示最终的动画效果。

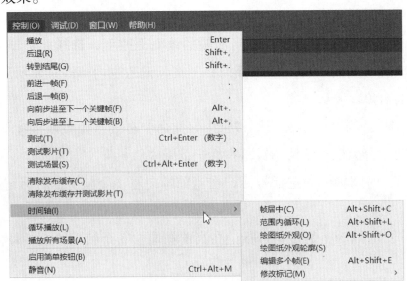

图 4-23　测试影片

2. 时间划动工具

时间划动工具与手形工具、旋转工具在同一个按键上，通过鼠标长按此键进行切换，如图 4-24 所示。选中此键，在舞台上按住鼠标左键，如果向左拖动，帧指针向左运动，动画反向播放；如果向右拖动，帧指针向右运动，动画正向播放。动画的播放速度随鼠标的移动的快慢而变化，可更加方便地调试动画。

图 4-24 时间划动工具

4.3 图形元件及其实例

4.3.1 元件和实例

元件是一个可以重复利用的对象，它保存在 Animate 的元件库中。元件可由任意对象组成，如一个图形，一幅导入的位图或声音文件，还可是另一个动画。实例是元件在工作区中的具体表现，是元件的一个引用，是指向元件的一个指针，它不是元件的具体数据，它的数据量比元件本身小得多。如果动画中多处使用同一个图形，将该图形创建为一个元件然后多次使用它的实例，比多次使用该图形明显地减小文件的尺寸。元件不能直接放在舞台上，只能通过实例来表现。实例作为一个整体可进行放大、缩小、倾斜等变形，但不能对实例的一部分进行变形。如果修改元件的形状，该元件所有实例的形状均随之改变。

4.3.2 建立图形元件

1. 将图形转换为元件

选取舞台上的对象，选择菜单"修改"→"转换为元件"命令，或右击选择的对象，选择"转换为元件"，如图 4-25 所示，或选择对象后按"F8"键，弹出"转换为元件"对话框，如图 4-26 所示。在对话框中的名称文本框中输入元件的名称，选择元件类型为"图形"，单击"确定"按钮，即建立了一个新的元件。选择菜单"窗口"→"库"命令，打开"库"面板，可看到库中多了一个新元件，工作区中的图形就变成该元件的一个实例，如图 4-27 所示。

图 4-25 "转换为元件"菜单和快捷菜单

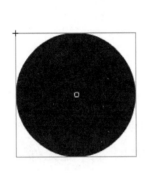

图 4-26 "转换为元件"对话框

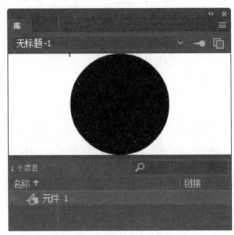

图 4-27 舞台上的实例和库中的元件

2. 创建新的图形元件

选择菜单"插入"→"新建元件"命令,弹出"创建新元件"对话框,如图 4-28 所示,输入元件名称,选择元件类型为"图形",单击"确定"按钮,进入元件编辑模式。在元件编辑模式下,元件的名字在窗口的左上角,在窗口中间有一个十字形,表示元件的定位点,如图 4-29 所示。在元件编辑窗口制作图形,制作完成后,单击左上角的返回键或"场景 1",退出元件编辑窗口。创建的新图形元件存放在库中,打开"库"面板可查看新创建的图形元件。

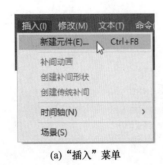

(a) "插入"菜单

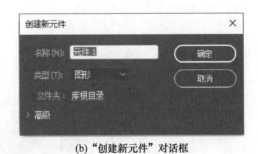

(b) "创建新元件"对话框

图 4-28 新建元件

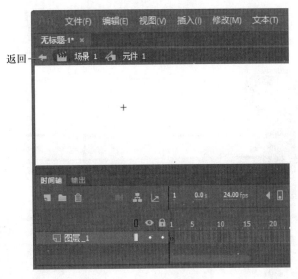

图 4-29　元件编辑模式

　　把元件从元件库中拖至舞台上，即创建了此元件的一个实例。将舞台上的对象转换为元件后，舞台上的图像自动转换为此元件的一个实例。多次拖动元件到舞台上，将建立此元件的多个实例。

4.4　补间动画

4.4.1　创建传统补间动画

　　逐帧动画虽然可以实现许多特效，但它的效率低、工作量大、制作成本高，不能充分体现计算机的优势。在有的情况下，动画中对象的基本形状不发生变化，只有它的位置、大小、角度等属性发生变化，如一个滚动的小球。用户可定义动画对象起始状态的参数和终止状态的参数，如位置、大小、角度等，由计算机自动计算出对象在中间状态的位置、大小、角度等参数，可大大提高工作效率，这种由系统自动填补中间过渡帧的动画称为补间动画。

　　传统补间动画要求起始位置的对象和终止位置的对象是同一个元件的实例，下面以一个由左向右移动并逐渐变小的火柴棒为例，介绍传统补间动画的制作步骤。

　　（1）新建文档。选择菜单"插入"→"新建元件"命令，在弹出的"创建新元件"对话框中输入元件名称"练习"，选择元件类型为"图形"，单击"确定"按钮，进入元件编辑模式。

　　（2）选择"矩形工具"，设置笔触颜色为无，填充色为黑色，在窗口的中间画一个矩形。选择"椭圆工具"，在火柴棒的上方画一个椭圆，如图 4-30 所示。单击场景 1 返回。打开"库"面板，在"库"面板上出现了一个名称为"练习"的元件。

　　（3）选择时间轴的第 1 帧，从"库"面板上将元件"练习"拖出并放置在舞台的左侧，如图 4-31 所示。使用"任意变形工具"将火柴棒调整至适当大小。

图 4-30 新建元件"练习"

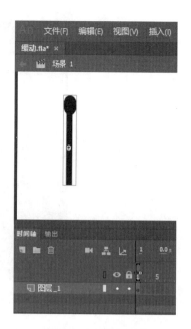

图 4-31 第 1 帧

（4）右击第 10 帧，选择"插入关键帧"，将第 10 帧的火柴棒移动到舞台的右侧，使用"任意变形工具"将图形缩小，如图 4-32 所示。

（5）右击第 1 帧，选择"创建传统补间"命令，如图 4-33 所示；或单击第 1 帧，选择菜单"插入"→"创建传统补间"命令，如图 4-34 所示，两个关键帧之间用一个箭头连接，表示创建了传统补间动画，如图 4-35 所示；如果两个关键帧之间由虚线连接，如图 4-36 所示，表示不符合创建补间的要求，未能够建立补间动画。常见原因如起始帧和终止帧的对象不是同一个元件的实例，或除了变化的实例外还有其他的对象。

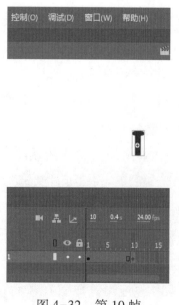

图 4-32 第 10 帧

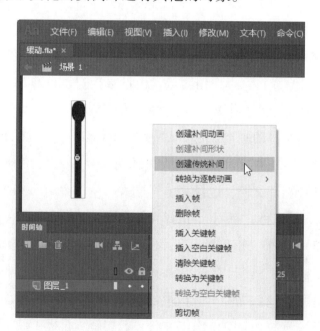

图 4-33 创建传统补间

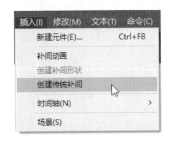

图 4-34 创建传统补间

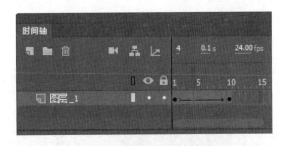

图 4-35 建立了补间动画

（6）单击时间轴上的播放命令，就可看到一个图形从左向右运动且形状逐渐缩小的动画。

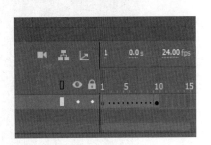

图 4-36 未能创建补间动画

4.4.2 设置传统补间动画的参数

单击补间动画的第 1 帧，打开"属性"面板，如图 4-37 所示。各选项含义如下：

1. 色彩效果

单击"样式"下拉按钮，弹出"无""亮度""色调""高级"和"Alpha"等选项，单击其中一个选项，下面显示该选项的百分比数据条和输入文本框，如图 4-38 所示，可输入该帧实例的"亮度""色调"和"Alpha"值。

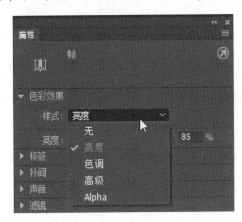

图 4-37 帧"属性"面板

图 4-38 色彩效果

2. 补间

（1）缓动。单击"缓动"类型按钮，弹出如图 4-39 所示菜单，最左面的下拉菜单为"缓动"类型，"No Ease"为不缓动，系统匀速改变对象的属性，即动画变化的速度均匀不变，使用"绘图纸外观"模式观看如图 4-40 所示。"Ease In"为缓动入，即对象开始时变化慢，结束时变化快，使用"绘图纸外观"模式观看如图 4-41 所示。"Ease Out"为缓动出，即对象起始时变化快，结束时变化慢，如图 4-42 所示。图 4-39 右面的下拉菜单随左边的选项不同而不同，用于设定缓动速率，如三倍速率（Cubic）、四倍速率（Quart）、正弦速率（Sine）

等。最右面的为不同缓动速率对应的缓动曲线，水平轴为时间轴，垂直轴为动画变化的百分比，其效果请读者自己验证。

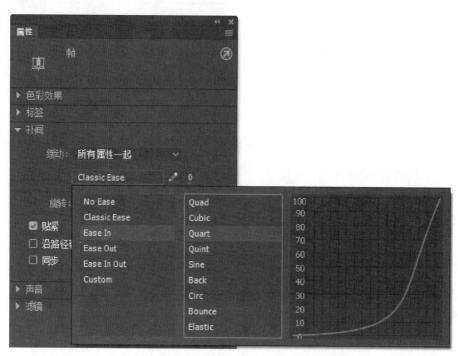

图 4-39 缓动

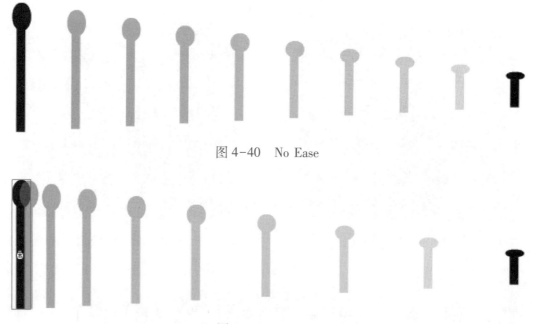

图 4-40 No Ease

图 4-41 Ease In

（2）旋转。单击"旋转"下拉按钮，弹出四个选项，如图 4-43 所示。"无"：对象在补间帧不旋转，只在最后一帧旋转到指定位置，如图 4-44 所示。"自动"：对象沿最小角度的方向旋转到指定位置，如图 4-45 所示。"顺时针"：对象顺时针旋转到指定位置。如果设置旋转次数为 0，旋转效果如图 4-45 所示。"逆时针"：对象逆时针旋转到指定角度，如果设置

图 4-42 Ease Out

旋转次数为 0，旋转效果如图 4-46 所示。"旋转次数"：旋转下拉列表后面的文本框用于设置旋转次数。只有选择"顺时针"或"逆时针"旋转时，此文本框有效。

图 4-43 "旋转"菜单

图 4-44 "无"旋转

图 4-45 最小方向旋转到指定角度

图 4-46 "逆时针" 旋转

3. 贴紧

选中"贴紧"复选框,当对象移近辅助线时会被辅助线自动捕获。

4. 缩放

设置在补间时对象的大小是否逐渐缩放。选中"缩放"复选框,对象的尺寸逐渐缩放,否则,对象的尺寸在补间过程中不缩放,只在最后一帧变为目标对象的形状,如图 4-47 所示。

图 4-47 未选中"缩放"

4.4.3 创建补间动画

下面讲解另一种创建补间动画的方法。

(1)新建文档。选择"矩形工具",设置笔触颜色为无,填充色为黑色,在舞台上画一个矩形。选择"椭圆工具",在矩形的上方画一个椭圆,选中所绘制的图形,右击图形,选择"转换为元件"命令,在弹出的"转换为元件"对话框中输入元件名称"练习",选择元件类型为"图形",单击"确定"按钮,元件库中将新添加一个图形元件,舞台上的图形变为元件"练习"的实例。

(2)将"练习"实例放置在舞台的左侧,使用"任意变形工具"将图形调整至适当大小。

(3)右击第1帧,选择"创建补间动画"命令,如图 4-48 所示,或单击第1帧,选择菜单"插入"→"补间动画"命令,系统将前24帧填充为暗绿色,如图 4-49 所示。

图 4-48　创建补间动画

图 4-49　填充颜色

（4）单击最后一帧，将图形拖动到其他位置。系统自动在该帧将插入一个位置关键帧。这时从起始位置到终止位置有一条蓝色的轨迹线，如图 4-50 所示。轨迹线上有一些实心的小圆点，表示对象在各帧的位置。

（5）鼠标拖动轨迹线可改变它的形状，按"Enter"键播放动画，可看到图形沿着弧形轨迹线运动，如图 4-51 所示。

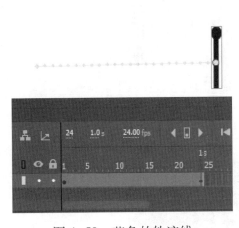

图 4-50　蓝色的轨迹线

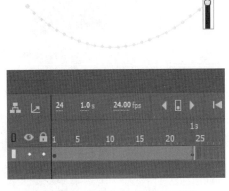

图 4-51　改变轨迹线的形状

（6）单击第 10 帧，鼠标拖动图形到另外位置，系统更改图形的运行轨迹，并在该帧添加一个位置关键帧，如图 4-52 所示。

（7）单击第 15 帧，选择"任意变形工具"，将图形扩大，系统将在该帧添加一个缩放关键帧，如图 4-53 所示。

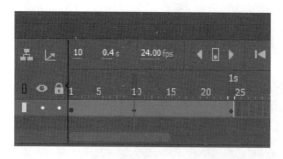

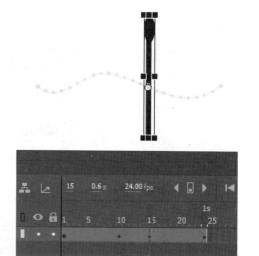

图 4-52 改变轨迹并添加一个位置关键帧 图 4-53 添加一个缩放关键帧

（8）通过上面的方法，可以改变帧上对象的"位置""缩放""倾斜""旋转""颜色""滤镜"或"全部"等属性，建立相应属性的关键帧，制作某属性的补间动画。也可右击中间某一帧，在"插入关键帧"选项中选择"位置""缩放""倾斜""旋转""颜色""滤镜"或"全部"等选项，如图 4-54 所示，建立相应属性的关键帧。

图 4-54 "插入关键帧"的"属性"

（9）用鼠标拖动最后一帧，可以改变补间动画的长度，如图 4-55 所示。

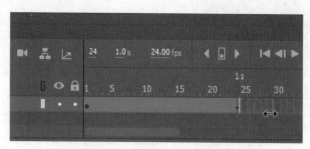

图 4-55 改变补间动画的长度

4.4.4 创建补间形状动画

用户在两个帧上定义两个分离的形状，系统自动填充中间的过渡帧，完成从一个形状到另一个形状的渐变。下面以小球变为正方形为例，说明补间形状动画的操作步骤：

（1）新建文档。选择"椭圆工具"，保证"对象绘制"按钮没有被选中，绘制一个小球。在第10帧插入空白关键帧，在该帧绘制一个正方形。

（2）右击第1帧，选择"创建补间形状"命令，如图4-56所示，在2个关键帧间建立补间形状动画，时间轴上出现箭头。打开"绘图纸外观"模式，可看到由圆形到方形的变化过程，如图4-57所示。

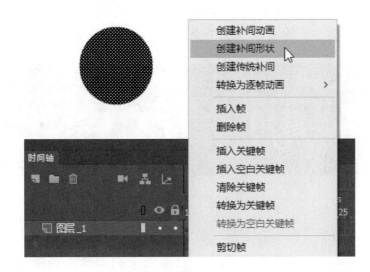

图4-56　创建补间形状

图4-57　圆形到方形的变化过程

4.5 简单 Animate 动画实训

实训 1 设计霓虹灯字

动画效果：逐个显示文字的七彩效果，组成霓虹灯字，具体操作步骤如下：

（1）新建文档，选择菜单"修改"→"文档"命令，在"文档设置"对话框中设置影片宽为 400 像素，高为 100 像素，背景色为黑色。

（2）选择"文本工具"，打开"属性"面板，设置字体为隶书，大小为 80，颜色为红色，其他默认。单击舞台，输入文字"美丽新世界"，将文字调整到舞台中央，选择两次菜单"修改"→"分离"命令，将文字变为分离图形，如图 4-58 所示。

图 4-58 分解文字

（3）右击第 5 帧，选择"插入关键帧"命令，在第 5 帧插入关键帧并复制第 1 帧的对象。

（4）选择"选择工具"，在空白位置单击取消对象的选择。选择"颜料桶工具"，打开"颜色"面板，单击填充色，选择颜色类型为"线性渐变"，添加颜色滑块，如图 4-59 所示。滑块颜色从左至右依次为：红色（#FF0000）、黄色（#FFFF00）、绿色（#00FF00）、青色（#00FFFF）、蓝色（#0000FF）、紫色（#FF00FF）、红色（#FF0000）。

图 4-59 "颜色"面板

（5）用设置好渐变色的"颜料桶工具"单击"美"字，将其填充为七彩渐变色，如图 4-60 所示。

图 4-60 "美"字填充渐变色

（6）在第 10 帧插入关键帧。取消对象的选择。选择"颜料桶工具"，单击"丽"字的每一笔画，填充七彩渐变色，如图 4-61 所示。

图 4-61 "丽"字填充渐变色

（7）依此类推，在第 15 帧插入关键帧，将"新"字填充为七彩渐变色；在第 20 帧插入关键帧，将"世"字填充为七彩渐变色；在第 25 帧插入关键帧，将"界"字填充为七彩渐变色，最后效果如图 4-62 所示。在第 30 帧插入普通帧。

图 4-62 最后效果

实训 2 设计书写文字

采用逐帧动画的技术，制作用毛笔在屏幕上写字的效果。

（1）新建文档。选择"文本工具"，打开"属性"面板，设置颜色为红色。单击舞台，输入文字"龙"。使用"选择工具"选中"龙"，按快捷键"Ctrl+B"将其分离。

（2）右击第 2 帧，选择"插入关键帧"命令。使用"橡皮擦工具"将"龙"字最后一笔擦除一部分，如图 4-63 所示。

（3）在第 3 帧插入关键帧，继续用"橡皮擦工具"擦除"龙"字的一部分，如图 4-64 所示。

图 4-63　第 2 帧　　　　　　　　　　图 4-64　第 3 帧

（4）按照同样的方式依次建立关键帧，每建立一个关键帧都擦除"龙"字的一部分，为使书写过程更加形象化，每擦除完一个笔画，添加几个普通帧，产生写字时的停顿感，直到将"龙"字擦完。

（5）右击某一帧，选择"选择所有帧"命令。右击某一帧，选择"翻转帧"命令。按回车键观看动画。最后时间轴显示如图 4-65 所示。

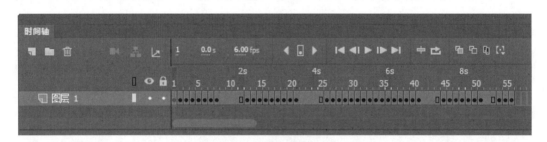

图 4-65　时间轴显示

实训 3　设计飞翔的字

动画效果：一个字滚动地飞入画面，常用于动画的开始部分。

1. 使用"创建传统补间"的方法制作动画

（1）新建文档。在时间轴上设置帧数为 6。选择"文本工具"，打开"属性"面板，设置字体为隶书，大小为 120 磅，颜色为红色。单击舞台，输入文字"春"。选择"任意变形工具"，将文字缩小，并移至舞台的左上角，如图 4-66 所示。

（2）在第 10 帧插入关键帧。选择"任意变形工具"，将文字放大并进行倾斜变形，移至舞台的右上角，如图 4-67 所示。

（3）在第 20 帧插入关键帧。使用"任意变形工具"调整文字的大小和形状，并移至舞台的左下角，如图 4-68 所示。

图 4-66 第 1 帧

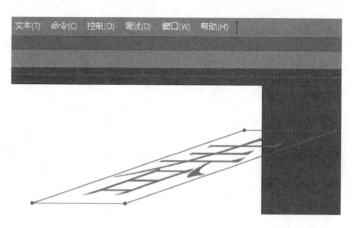

图 4-67 第 10 帧

（4）在第 30 帧插入关键帧，调整文字的大小和形状并移至舞台的右下角，如图 4-69 所示。

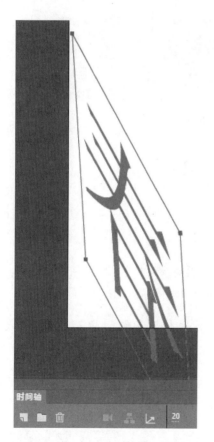

图 4-68 第 20 帧

图 4-69 第 30 帧

（5）在第 40 帧插入关键帧。将文字恢复正常，移至影片的中间，如图 4-70 所示。

（6）右击第 1 帧，选择"创建传统补间"，在第 1~10 帧建立补间动画。依此类推，在第 10~20、20~30、30~40 帧之间建立传统补间动画，最后的时间轴如图 4-71 所示。

（7）选择菜单"控制"→"测试"命令，观看效果。

图 4-70　第 40 帧

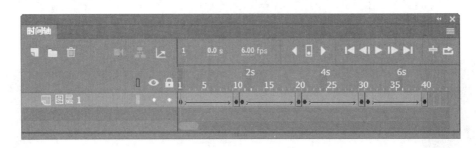

图 4-71　创建运动渐变的时间轴 1

2. 使用"创建补间动画"的方法制作动画

（1）新建文档。在时间轴上设置帧数为 6。选择"文本工具"，在"属性"面板上设置字体为隶书，大小为 120 磅，颜色为红色。单击舞台，输入文字"春"。使用"任意变形工具"将文字缩小，并移至舞台的左上角。

（2）右击第 1 帧，选择"创建补间动画"命令，系统将前 24 帧填充为蓝色，鼠标拖动第 24 帧至第 40 帧，使前 40 帧为蓝色。

（3）单击第 10 帧，使用"任意变形工具"将文字放大并倾斜，移至舞台的右上角。

（4）单击第 20 帧，将文字变形并移至舞台的左下角，单击第 30 帧，将文字变形再移至舞台的右下角，单击第 40 帧，将文字恢复正常，移至影片的中间。最后的时间轴如图 4-72所示。

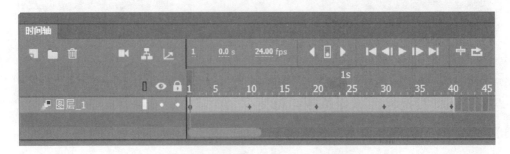

图 4-72　创建运动渐变的时间轴 2

（5）选择菜单"控制"→"测试"命令，观看效果。

实训4 设计变脸

动画效果：笑脸渐变为哭脸，然后哭脸又变回笑脸。操作步骤如下：

（1）新建文档。选择"椭圆工具"，打开"颜色"面板，设置笔触颜色为无，填充颜色为径向渐变，设置第1个滑块颜色为亮黄色，第2个滑块的颜色为暗黄色，保证"椭圆工具"的对象绘制按钮没有按下，按住"Shift"键在舞台上画一个正圆。选择填充颜色为黑色，再画一个小椭圆。选中小椭圆，使用复制粘贴方法再生成一个小椭圆，如图4-73所示。

图 4-73 复制粘贴小椭圆

（2）绘制稍大的椭圆，选择填充颜色为红色，绘制再大一些的圆，如图4-74所示。

图 4-74 绘制大圆

（3）将红圆移动到黑圆上，覆盖大部分黑圆，在空白位置单击，切割黑圆，如图4-75所示。

（4）将各部分组合并适当调整，形成一个笑脸，如图4-76所示。

（5）分别在第20帧和第40帧插入关键帧，选择第20帧，使用"选择工具"调整眼睛和嘴的形状，形成一个哭脸，如图4-77所示。

图 4-75　切割黑圆

图 4-76　形成笑脸

图 4-77　画一个哭脸

（6）右击第 1 帧，选择"创建补间形状"命令。右击第 20 帧，选择"创建补间形状"命令。最后的时间轴如图 4-78 所示。

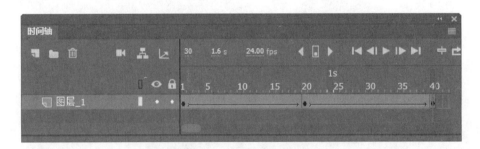

图 4-78　复制帧后的效果

（7）选择菜单"控制"→"测试"命令，观看变脸动画效果。

巩固与提高

1. 为什么雨滴、流星看起来是一条直线？

2. 早期的电影每秒播放多少张胶片？现在的电影每秒播放多少张胶片？

3. 标准信号的电视每秒播放多少幅画面？高清信号电视每秒播放多少幅画面？

4. 制作动画，在屏幕上由左向右逐个出现"学习 ANIMATE 动画"文字。

5. 制作一个立体小球，使其在屏幕上呈之字形从上向下运动。

6. 制作一个从高处下落的小球，开始时速度较慢，速度逐渐增加，落到地面后再反弹回去。

7. 制作一个字来回滚动的动画。

8. 制作一个五角星由小变大，再变形为圆的动画。

9. 字母变形，先由字母 A 渐变为 B，再渐变为 C，最后变为 D。

第 **5** 章
图层

5.1 普通图层

5.1.1 图层的概念

几乎所有的图形处理软件都使用图层，可以把图层看成是相互堆叠在一起的透明纸，透过上面图层图像的空隙可以看到下面图层的图像。使用图层的好处是明显的，当编辑较为复杂的动画时，如果将所有的元素都放置在同一层，该层会显得过于杂乱，甚至根本就没有办法进行动画制作；此时可以建立多个图层，对元素进行分类、组织，将同一类的元素放在同一个图层上，这样条理清晰，便于管理，降低了动画编辑的难度。

不同图层上的对象是各自独立的，不会相互影响。用户可对某一图层的对象进行处理而不影响其他图层的对象，也不会被其他图层上的对象干扰，可避免误删除或误编辑其他图层的对象。图层面板在时间轴的左边，如图 5-1 所示。如果图层的数量比较多，时间轴的右边会出现一个滚动条。

上面图层的对象会遮挡下面图层的对象，下面图层的内容通过上面图层的透明部分显示出来，图 5-2 所示为"文字"和"图片"两个图层，"文字"图层在"图片"图层上面，"文字"遮挡"图片"；图 5-3 所示为"图片"图层在"文字"图层上面，"图片"遮挡"文字"。

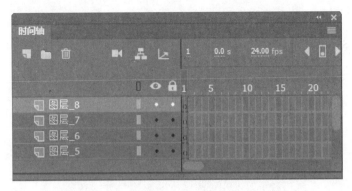

图 5-1 图层

图 5-2 "文字"遮挡"图片"

图 5-3 "图片"遮挡"文字"

5.1.2 图层的操作

1. 新建图层

当新建一个文档时，系统自动建立一个名称为"图层1"的图层。单击图层面板左上方的"新建图层"按钮，或右击某一图层，选择"插入图层"命令，如图 5-4 所示，在当前图层上面插入一个图层。

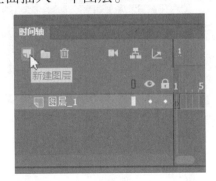
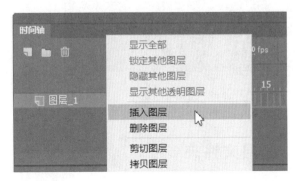

图 5-4 新建图层

2. 重命名图层

系统为新建图层命名为"图层"+序号，如"图层_1"、"图层_2"等。这样的名称不利于表明图层的内容，也不便于记忆，可给图层重新命名。双击图层名，使其成为可编辑状态，如图 5-5 所示，输入新的图层名，按回车键确定。

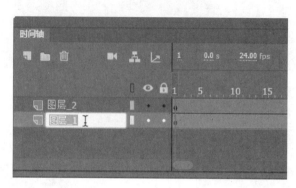

图 5-5 双击图层名

3. 选取图层

单击图层的名字或单击该图层上的某一帧，该图层成为当前图层。如果单击图层的名字，则该层上的所有帧都被选中。

4. 调整图层顺序

上面图层的对象对下面图层的对象有遮挡作用，因此图层的叠放顺序决定了画面显示的效果。鼠标拖动某一图层上下移动，鼠标上将出现一条黑色线，表示该图层将要移到的位置，如图 5-6 所示，在适当位置释放鼠标，图层即移动到该位置。

5. 删除图层

单击要删除的图层名，单击图层面板左上角的"删除"按钮，如图 5-7 所示，或将图层拖动到"删除"按钮上，或右击要删除的图层，选择"删除图层"选项，均可删除该图层。

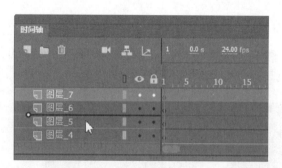

图 5-6 移动图层

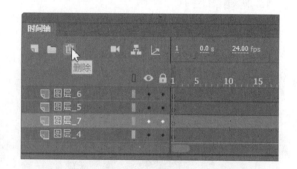

图 5-7 "删除图层"按钮

5.1.3 图层文件夹

有些复杂动画的图层数量可达几百个，为了更好地进行图层管理，使用图层文件夹对图层进行分类，将同一类别的图层放在同一个图层文件夹中。一个动画作品可有多个图层文件夹，图层文件夹内可以还有图层文件夹，即图层文件夹的嵌套。图 5-8 所示为一个动画的所有图层，第 1 级图层有扇子、鹤、背景等图层文件夹，背景图层文件夹下还有字幕和雨两个图层文件夹。图层文件夹中不包含任何帧。

图 5-8 图层文件夹

1. 新建图层文件夹

在图层面板上，单击某一图层，再单击图层面板左上角的"新建文件夹"按钮，或者右击图层，选择"插入文件夹"命令，如图 5-9 所示，均可新建一个图层文件夹。

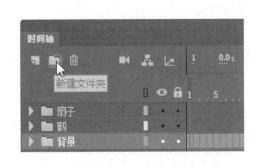
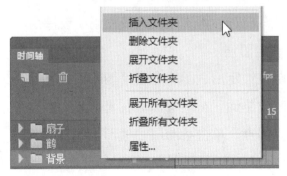

图 5-9 新建图层文件夹

2. 重命名图层文件夹

双击图层文件夹名，图层文件夹名变成可编辑状态，输入新的图层文件夹名，按回车键确定。

3. 向图层文件夹中添加图层

新建的图层文件夹是一个空的文件夹，还没有包含图层，鼠标拖动图层，在鼠标上将出现一条黑色线，拖动这条黑线至图层文件夹下，释放鼠标，图层即添加至图层文件夹中。

4. 图层文件夹的展开和折叠

单击图层文件夹左边的三角按钮，可"展开文件夹"。再次单击该按钮可"折叠文件夹"。或右击图层文件夹，选择"展开文件夹"或"折叠文件夹"命令。

5. 删除图层文件夹

删除图层文件夹的方法与删除图层的方法相同。如果图层文件夹中有图层，将弹出一个提示对话框，提示当前图层文件夹中还有图层，是否删除，如图 5-10 所示。单击"是"将删除图层文件夹；"否"，不删除。

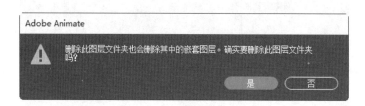

图 5-10　提示对话框

5.1.4 图层的显示方式

1. 隐藏图层

即隐藏图层上的对象。在图层面板右上角有一个"眼睛"图标，"眼睛"图标下面的每个图层对应有黑色圆点，单击某图层"眼睛"图标对应的黑色圆点，黑色圆点变成"×"标志，如图 5-11 所示，该图层处于隐藏状态，图层上的所有对象均不可见，再次单击，"×"又变为黑色圆点，图层上的对象正常显示。单击图层面板右上角的"眼睛"图标，所有图层均处于隐藏状态，再次单击此按钮则所有图层均正常显示。

2. 锁定图层

图层被锁定后，图层上对象能够正常显示，但不能被编辑。防止已经编辑好的对象被不小心修改或删除。在图层面板右上角有一个"锁形"图标，"锁形"图标下面的每个图层对应有黑色圆点，单击某图层"锁形"图标对应的黑色圆点，黑色圆点变成"锁形"图标，如图 5-12 所示，表示该图层被锁定。再次单击，"锁形"图标又变为黑色圆点，取消该图层的锁定。单击图层面板右上角的"锁形"图标，所有图层均被锁定，再次单击此按钮则取消所有图层的锁定。

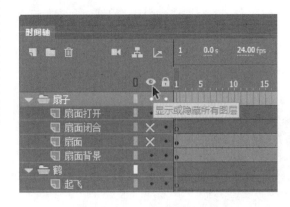

图 5-11 隐藏图层

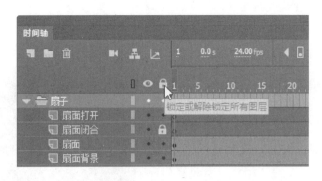

图 5-12 锁定图层

3. 轮廓显示

若某图层为轮廓显示方式，只显示该图层上对象的轮廓线，这样既突出需要编辑的对象，也为其他图层提供位置参考。不同图层使用不同颜色的轮廓线。在图层面板右上角有一个"方框"图标，"方框"图标下面的每个图层对应有不同颜色的实心方框，单击图层的实心方框，实心方框变为空心方框，该图层上的对象将只显示轮廓线，如图 5-13 所示。再次单击此方框图标，空心方框变为实心方框，图层上的对象将正常显示。单击图层面板右上角的"方框"图标，所有图层的对象都显示轮廓。再次单击此按钮则取消所有图层的轮廓显示。

图 5-13 "树叶"图层轮廓显示

5.2 遮罩图层

5.2.1 创建遮罩图层

遮罩层能实现特殊的显示效果。遮罩层就像一个幕布，遮挡住其下方图层的图形，被遮罩图层上的对象将不能显示出来。如果在遮罩层上创建图形，就是在遮罩层上开了一个图形窗口，其下方图层上的图形可通过遮罩层上的图形窗口显示出来，而窗口之外的图像将不被显示。因此，可通过遮罩层来控制图层中需要显示和不需要的内容。下面举例说明遮罩层的创建。

（1）新建文档。将一幅图画导入舞台。右击当前图层，选择"插入图层"命令，新建

"图层_2"。

（2）选择"椭圆工具"，选择填充颜色为黑色，在新建图层上画一个圆，如图 5-14 所示。

图 5-14 画圆

（3）右击"图层_2"，选择"遮罩层"命令，如图 5-15 所示。

（4）"图层_2"成为遮罩层，其相邻的下层"图层_1"成为被遮罩层，同时向右缩进，遮罩层和被遮罩层被锁定，显示效果如图 5-16 所示。

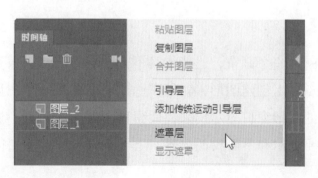

图 5-15 选择"遮罩层"

图 5-16 显示效果

5.2.2 相关知识

1. 取消遮罩层

右击遮罩层，选择"遮罩层"命令，如图 5-17 所示。"遮罩层"选项左边的"√"消失，取消了遮罩属性，遮罩层和被遮罩层均变为普通图层。

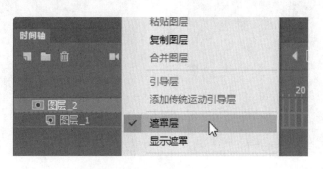

图 5-17 取消"遮罩层"

2. 遮罩图层的对象

在遮罩图层起到开窗口的图形，可以是使用"绘图工具"绘制的有填充的图形，也可以是元件的实例、导入的图片或使用"文本工具"输入的文字，如图 5-18 所示。但使用"绘图工具"绘制的笔触图形无法生成遮罩图形，即使是很粗的笔触也不能产生窗口的效果。

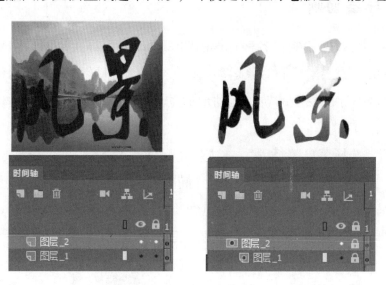

图 5-18 输入文字

3. 制作遮罩动画

被遮罩层上的对象保持不动，改变遮罩图层上的图形的位置或形状，被遮罩图层上的图像随遮罩图层上的图形的移动或形变而显示出来，可形成手电筒照射效果或图像开合效果；或遮罩层上的对象保持不动，被遮罩图层上的对象移动或改变大小，产生电影效果。

4. 建立多个被遮罩层

一个遮罩层可遮罩一个图层，也可遮罩多个图层。鼠标拖动一个普通图层移动到遮罩层的下面，略微向右移动，当鼠标上的线向右缩进，与被遮罩层对齐时，松开鼠标，该图层即变为被遮罩层，被上面的遮罩层所遮罩，如图 5-19 所示。

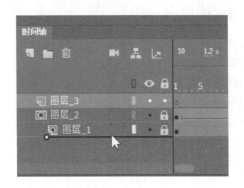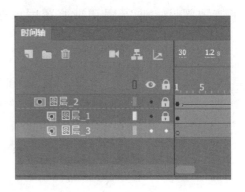

图 5-19　移动"图层 3"成为被遮罩层

5.3　引导层

5.3.1　制作引导层动画

利用"引导层"可以轻松制作各种各样的曲线运动。引导层动画由引导图层和被引导图层两部分组成，在引导图层中绘制对象运动的轨迹；在被引导图层中放置运动的对象。使被引导图层上的对象沿着引导图层上的轨迹运动形成动画。下面以制作一个运动的小球为例，介绍引导层动画的制作方法。

（1）新建文档。选择菜单"插入"→"新建元件"命令，选择元件类型为"图形"，单击"确定"按钮，进入元件编辑模式。选择"椭圆工具"，绘制一个圆。退出元件编辑模式。

（2）打开"库"面板，将新建的元件拖到舞台上，在第 30 帧插入关键帧，使用"任意变形工具"将小球放大。右击第 1 帧，选择"创建传统补间"命令。

（3）右击"图层_1"，选择"添加传统运动引导层"命令，如图 5-20 所示，在当前层的上方"添加传统运动引导层"。

（4）单击"引导层"第 1 帧，选择"铅笔工具"，画出小球移动的轨迹，如图 5-21 所示。绘

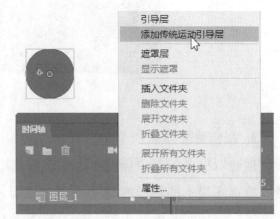

图 5-20　添加传统运动引导层

制完毕第 1 帧的小球自动锁定到绘制的轨迹上。

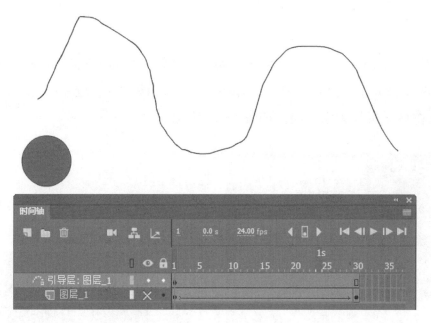

图 5-21　画出轨迹

（5）单击"图层_1"的第 1 帧，使用"选择工具"将小球拖到轨迹线的起点，使小球的中心圆圈锁定在曲线的起始点。

（6）单击"图层_1"的第 30 帧，拖动小球到轨迹线的终点，使小球的中心圆圈锁定在曲线的终止点，如图 5-22 所示。按回车键，可看到小球沿着轨迹线运动。

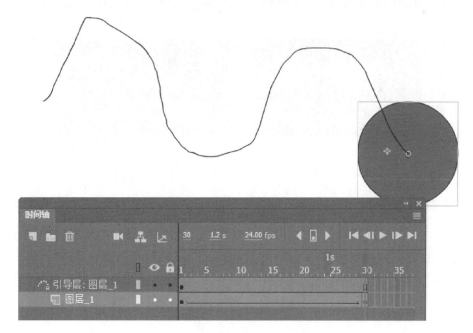

图 5-22　移动第 1 帧小球

5.3.2　引导层相关知识与操作

1. 新建引导层

右击某一图层，选择"添加传统运动引导层"命令，则为该图层新建了一个引导层。如果已经建立了两个图层，使其中一个为引导层，右击该图层，选择"引导层"命令，如图 5-23 所示，将该图层改为引导层，如图 5-24 所示。

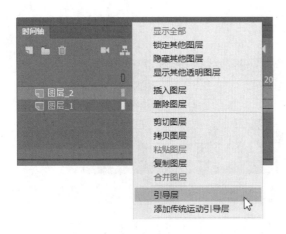

图 5-23　右击选择"引导层"　　　　　图 5-24　将"图层 2"改为引导层

引导层下面的图层仍然是一个普通图层，还没有被引导，需要将普通图层与引导层建立关联。鼠标拖动普通图层到引导层的下方，并向右移动，当鼠标上的黑线向右缩进后，释放鼠标，该图层即与引导层建立关联，同时引导层的图标也发生了变化，如图 5-25 所示。

图 5-25　两个图层建立了引导关联

2. 建立多个被引导层

多个图层可与一个引导层建立引导关系，在引导层上绘制多条引导线，拖动各个图层上的对象到不同的引导线上，这些对象即沿着各自的引导线运动。使用这种方式可以减少引导层的数量，如图 5-26 所示，图层_1、图层_2、图层_3 分别放置了圆、矩形、五边形，分别沿引导层的 3 条引导线运动。

3. 取消与引导层的关联

鼠标拖动要取消引导的图层，将其移动到运动引导层的上面，释放鼠标，此图层就取消了与引导层的关联，图层中的对象即脱离引导层的引导。右击引导图层，选择"引导层"命令，如图 5-27 所示，引导图层变为普通图层。

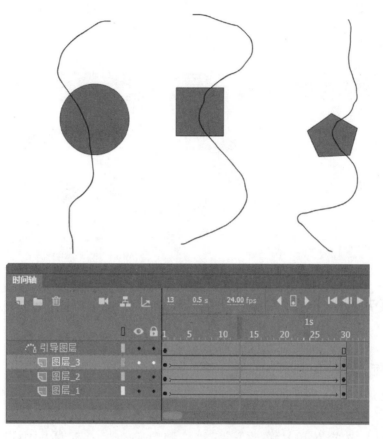

图 5-26 建立引导关系

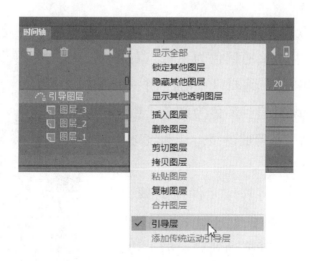

图 5-27 取消引导图层

4. 引导层动画的播放

如果按"Enter"键播放动画，将显示引导图层上的引导线，选择菜单"控制"→"测试"命令或按快捷键"Ctrl+Enter"，文档编译后在独立的播放器中播放将不显示引导线。

5. 闭合路径

如果引导线为闭合路径，如圆形等，被引导图形有两条引导轨迹，图形将按最短路径运行。为了让被引导图形沿长路径运动，将短路径切断即可，即用"橡皮擦工具"擦出一个缺口，如图5-28所示。

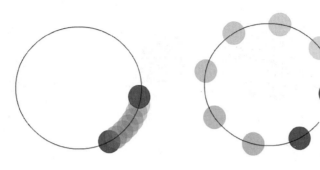

图5-28 擦出缺口

5.4 图层实训

实训1 设计气球升空

动画效果：多个气球依次飞向天空。

（1）新建文档。选择菜单"修改"→"文档"命令，在对话框中设置舞台颜色为蓝色（#00FFFF），其他默认。

（2）新建名称为"气球"图形元件。选择"椭圆工具"，设置笔触颜色为"无"，填充色为"径向渐变"，其中左滑块的颜色为白色，右滑块的颜色为黄色（#CDE04B）。在编辑区中心绘制一个椭圆。选择"铅笔工具"，设置笔触颜色为红色，铅笔模式为平滑，在椭圆下方画一条弯曲的线，作为气球的绳子，返回场景1。

（3）打开"库"面板，将气球元件拖到舞台上，放置在舞台下边的外面偏左的位置，如图5-29所示。在第45帧插入关键帧。将气球拖动到舞台的上边，如图5-30所示。右击第1帧，选择"创建传统补间"命令。

（4）单击图层面板上的"新建图层"按钮，在新建图层的第5帧插入关键帧，从"库"面板中将元件气

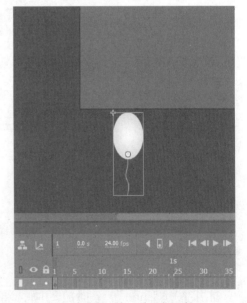

图5-29 拖入气球元件

球拖到舞台上，放置在第 1 个气球起始位置的右边，如图 5-31 所示。

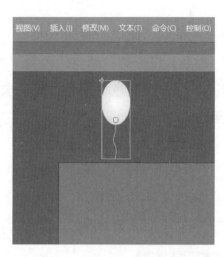

图 5-30　拖动气球到舞台的上边

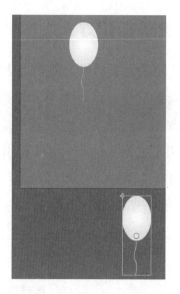

图 5-31　第 2 个气球

（5）在第 50 帧插入关键帧，将气球移动到舞台的上边之外。在第 5~50 帧之间建立"传统补间动画"。

（6）新建图层，在第 10 帧插入关键帧。从"库"面板上拖出气球，向右调整气球位置。在第 55 帧插入关键帧，将气球移动到相应位置。在第 10~55 帧之间建立补间动画。

（7）新建图层，在第 5 帧插入关键帧，从"库"面板上拖出气球，向右调整气球位置。在第 50 帧插入关键帧。将气球移动到相应位置。在第 5~50 帧之间建立补间动画。最后的时间轴如图 5-32 所示。

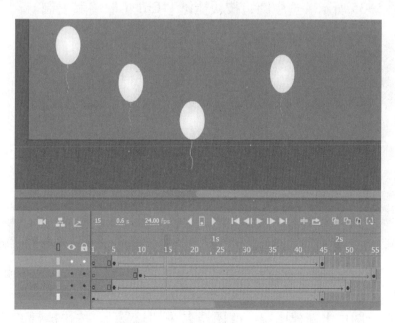

图 5-32　时间轴及气球的位置

（8）选择菜单"控制"→"测试"命令，观看多个气球依次升空的动画效果。

实训 2　设计探照灯

在幕色的映衬下，灯光左右照射，显示出背景上的文字。制作步骤如下：

（1）新建文档。选择菜单"修改"→"文档"命令，设置舞台颜色代码为"#666666"。

（2）改图层名为"黑色文字"。选择"文本工具"，设置颜色为黑色，输入文字"ANIMATE"。调整文字为适当大小，选中文字，按快捷键"Ctrl+C"复制文字。在"黑色文字"图层的上面新建图层，改图层名为"白色文字"，按快捷键"Ctrl+V"粘贴文字，将文字的颜色改为白色。

（3）调整两个图层文字的位置，使黑色文字在白色文字的右下方，产生阴影效果，如图 5-33 所示。分别在"白色文字"图层和"黑色文字"图层的第 60 帧插入帧。

图 5-33　白色文字和黑色文字的相对位置

（4）新建图形元件，输入名称"圆"，选择"椭圆工具"，设置笔触颜色为无，填充颜色为白色，按住"Shift"键并拖动鼠标在编辑器中间绘制一个圆，返回场景 1。

（5）在"白色文字"图层上新建图层，改图层名为"灯光"。从"库"面板中拖出"圆"元件到舞台上，在"圆"的"属性"面板的色彩效果栏中，选择样式为"Alpha"，输入数值为"50%"，如图 5-34 所示，覆盖文字左侧的第 1 个字母，使用"任意变形工具"调整圆的大小，如图 5-35 所示。选中圆，按快捷键"Ctrl+C"将其复制。

图 5-34　设置圆的"属性"

图 5-35　绘制一个半透明的圆

（6）在"灯光"图层上新建图层，改图层名为"遮罩"。按快捷键"Ctrl+V"粘贴刚才复制的圆。鼠标拖动新生成的圆，使两个圆重合。

（7）将"灯光"层和遮罩层的第60帧转换为关键帧，将"灯光"层和"遮罩"层的第30帧转换为关键帧。

（8）单击"灯光"层的第30帧，拖动圆至文字的右侧。单击"遮罩"层的第30帧，拖动圆至文字的右侧并使两个圆重合，如图5-36所示。

图5-36 "遮罩"在第15帧的位置

（9）右击"遮罩"图层的第1帧，选择"创建传统补间"命令，在1~30帧建立补间动画；同样在30~60帧和"灯光"图层的1~30帧和30~60帧之间建立补间动画。

（10）右击"遮罩"图层，选择"遮罩层"命令，"灯光"图层与"遮罩"图层建立遮罩关系。鼠标拖动"白色文字"图层向上移动，当鼠标上的黑色短线向右缩进时松开鼠标，使该图层成为被遮罩图层。按同样的方法，将"黑色文字"层也设置成被遮罩的图层。

（11）按快捷键"Ctrl+Enter"键测试影片，效果和时间轴如图5-37所示。

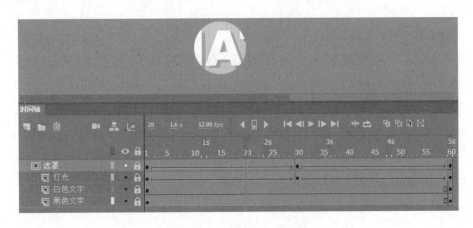

图5-37 效果和时间轴

实训3 设计电影文字

动画效果：文字中的图片同电影胶片一样变换。具体操作步骤如下：

（1）新建文档。选择菜单"修改"→"文档"命令，设置影片宽度为350像素，高度为250像素。

（2）选择"文本工具"，在舞台上输入文字"GOOD"，调整文字大小，将文字移动到舞台中间。在第30帧插入关键帧。

（3）新建"图层_2"。单击"图层_2"的第1帧，选择菜单"文件"→"导入"→"导入到舞台"命令，在弹出的对话框中选择图片，单击"打开"导入图片。使用"任意变形工具"在水平方向上拉伸图片,约为 3~4 个舞台的宽度。鼠标拖动"图层 1"到"图层 2"上方。

（4）单击"图层_2"的第 1 帧,将图片向左拖动,使右侧图片恰能覆盖文字,如图 5-38 所示,将"图层_2"的第 30 帧转换为关键帧,将图片向右拖动,使左侧图片恰好覆盖文字,如图 5-39 所示。

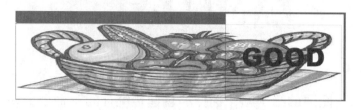

图 5-38　第 1 帧

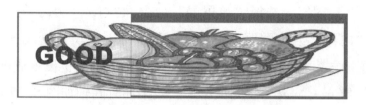

图 5-39　第 30 帧

（5）右击"图层 2"的第 1 帧,选择"创建传统补间"命令。右击"图层 1",选择"遮罩层"命令,完成后的时间轴如图 5-40 所示。

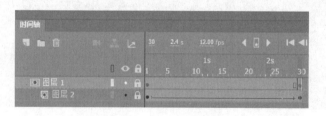

图 5-40　建立遮罩层

（6）选择菜单"控制"→"测试"命令,观看动画效果。

实训 4　设计落花缤纷

动画效果:七色花纷纷落下,具体步骤如下。

（1）新建文档,选择菜单"修改"→"文档"命令,设置舞台宽为 500 像素,高 300 像素,背景颜色为粉红色"#FF99CC"。

（2）新建图形元件,输入名称"七色花",单击"确定"按钮,进入元件编辑区。选择"文本工具",设置字体为"宋体",单击编辑区,输入"*"。选择菜单"修改"→"分离"命令,将其分离。

（3）选择"颜料桶工具"，在"颜色"面板上选择颜色类型为"线性渐变"，在颜色条上添加若干颜色滑块，将滑块的颜色分别设置为红、黄、绿、青、蓝、紫红，如图5-41所示。

（4）用设置好的"颜料桶工具"单击分离的"＊"，将其填充为彩色渐变，如图5-42所示。返回场景1。

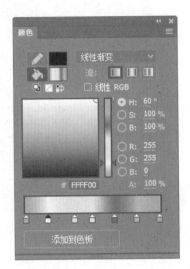

图5-41 "颜色"面板

图5-42 七色花

（5）单击第1帧，从"库"面板中将"七色花"拖到舞台上，在第20帧、22帧、42帧、44帧、64帧处分别插入关键帧。

（6）右击第1帧，选择"创建传统补间"命令，打开"属性"面板，设置旋转选项为"顺时针"，旋转次数为2，如图5-43所示。第22帧、44帧也进行同样的设置。

（7）右击"图层_1"，选择"添加传统运动引导层"命令。单击引导层的第1帧，选择"铅笔工具"，画出三条花落的轨迹，如图5-44所示。

图5-43 设置运动渐变

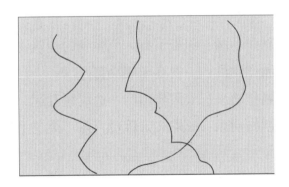

图5-44 三条轨迹

（8）单击"图层_1"的第1帧，将七色花移到第一条轨迹的开始位置；单击第20帧，将七色花移到第一条轨迹线的结束位置。使用同样的方法，在第22帧将七色花移到第二条轨迹线的开始位置，在第 42 帧将七色花移到第二条轨迹的结束位置；在第 44 帧将七色花移到第三条轨迹的开始位置，第 64 帧将七色花移到第三条轨迹的结束位置，图 5-45 所示为使用"绘图纸外观"模式观看七色花在各帧的位置和时间轴设置。

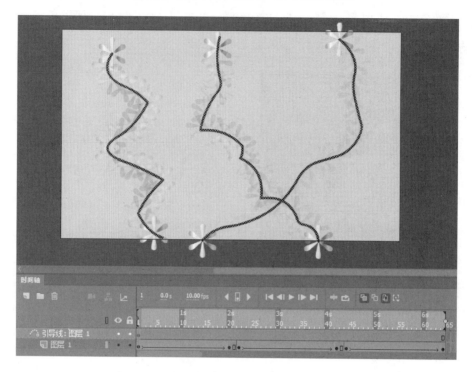

图 5-45　各帧状态

（9）选择菜单"控制"→"测试"命令，观看动画效果。

巩固与提高

1. 制作一个月球自转的动画（提示：遮罩层上为一个圆，被遮罩层为月球图片，让月球图片从一边移动到另一边）。

2. 制作动画：深夜下有一个朦胧的建筑物，探照灯对建筑物从左到右从上到下扫描。

3. 制作动画：一把扇子缓缓打开。

4. 制作动画：太阳从山的一边缓缓升起，从山的另一边缓缓落下。

5. 制作动画：蝴蝶飞入舞台，在一朵花上停留一会儿，又飞出舞台。

第**6**章

元件和实例

6.1 图形元件

6.1.1 元件的嵌套

一个元件可以是绘制的图形，也可以是其他元件的实例，形成元件的嵌套，举例说明：

（1）新建文档。新建图形元件，输入名称"头"，单击"确定"按钮，进入元件编辑区。选择"椭圆工具"，设置笔触为红色，填充为无，在元件编辑区中间画一个圆，如图 6-1 所示。

（2）新建图形元件，输入名称"身"，单击"确定"按钮，进入元件编辑区。选择"矩形工具"，设置填充为黑色，在编辑区中间画一个矩形，如图 6-2 所示。

图 6-1　画圆　　　　图 6-2　画矩形

（3）新建图形元件，输入名称"锤"，单击"确定"按钮，进入元件编辑区。打开"库"面板，拖动"头"元件和"身"元件到编辑区，按图6-3所示摆放图形。

（4）新建图形元件，输入名称"轮"，单击"确定"按钮，进入元件编辑区。选择"椭圆工具"，按住"Shift"键绘制一个正圆，从"库"面板中拖出4个"锤"元件到编辑区，分别选择"修改"→"变形"菜单下的"顺时针旋转90°""逆时针旋转90°"和"垂直翻转"命令，将3个"锤"图形旋转和翻转，按图6-4所示摆放图形。

图 6-3　摆放图形

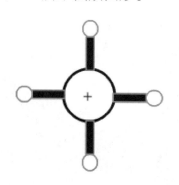

图 6-4　画轮

6.1.2　元件的编辑

双击"库"面板上的元件图标，或双击舞台上的实例图标，或右击舞台上的实例图标，选择"编辑元件"命令，如图6-5所示，可对元件进行编辑。对元件编辑后，包含该元件实例的其他元件也随之改变。例如，将"头"元件的圆填充黑色，"锤"元件和"轮"元件均随之改变，如图6-6所示。

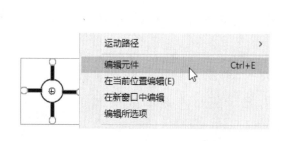

图 6-5　选择"编辑元件"

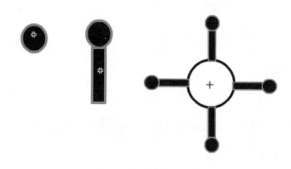

图 6-6　填充黑色

在编辑元件时，如果需要使用"库"面板中的元件，不能拖出自身元件或包含自身的元件，例如，编辑"头"元件时，如果从"库"面板中拖出"头""锤"或"轮"元件到编辑区时，系统将禁止执行该操作并给出错误提示，如图6-7所示。

图 6-7　系统禁止该操作提示

6.1.3 图形元件动画

图形元件的编辑区有时间轴，可制作一个带动画的图形元件。在前面元件的基础上继续制作。

（1）新建图形元件，输入名称"旋转轮"，单击"确定"按钮，进入元件编辑区。从"库"面板上拖出"轮"元件到编辑区，在时间轴的第20帧插入关键帧，右击第1帧，选择"创建传统补间"命令。单击第1帧，打开"属性"面板，设置补间栏的旋转项为"顺时针"，如图6-8所示。单击时间轴上的播放按钮，可看到图形顺时针转动。

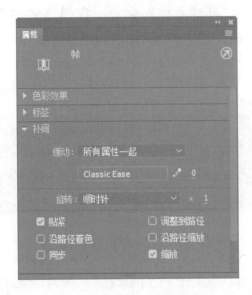

图6-8　设置"顺时针"

（2）返回"场景1"，从"库"面板中将"旋转轮"元件拖到舞台上，按快捷键"Ctrl+Enter"观看，动画为一个静止图形，没有转动。关闭播放器返回编辑状态，在时间轴的第20帧插入普通帧，按快捷键"Ctrl+Enter"观看动画，图形旋转了。

（3）将第20帧转换为关键帧，将"旋转轮"拖到舞台的另一个位置，右击第1帧，选择"创建传统补间"命令，按快捷键"Ctrl+Enter"观看，图形转动的同时移动到另一个位置。

结论：

（1）使用元件动画可增加图形运动的维度，如转动、平动、振动、圆周运动、螺旋线运动等可相互嵌套，也可与遮罩动画、引导线动画等组合形成更复杂的动画形式。

（2）如果要在主时间轴（即场景1）上显示图形元件的动画效果，图形元件在主时间轴上持续的时间必须大于或等于元件自身动画的时间。

6.2　影片剪辑元件

　　影片剪辑元件就是一段动画，利用影片剪辑可以在一个动画中嵌入另一个动画。但影片剪辑在主时间轴上不需要持续时间，只要将其引入舞台上即可自动运行。在前面制作的动画的基础上进行制作讲解。

　　（1）新建文档。如图 6-1、图 6-2、图 6-3、图 6-4 所示分别建立"头""身""锤"和"轮"图形元件。

　　（2）选择菜单"插入"→"新建元件"命令，在弹出的"创建新元件"对话框中选择类型为"影片剪辑"，输入名称"旋转轮-影片剪辑"，如图 6-9 所示，单击"确定"按钮，进入元件编辑区。

图 6-9　创建"影片剪辑"元件

　　（3）从"库"面板上拖出"轮"元件到编辑区，在时间轴的第 20 帧插入关键帧，右击第 1 帧，选择"创建传统补间"命令。单击第 1 帧，打开"属性"面板，设置补间栏的旋转项为"顺时针"，旋转次数为 1。

　　（4）返回"场景 1"，从"库"面板中将"旋转轮-影片剪辑"元件拖到舞台上，按快捷键"Ctrl+Enter"观看，动画为一个旋转的图形。

　　影片剪辑可在一个帧上播放，与按钮元件结合能实现特殊效果。

6.3　按钮元件

　　"按钮"元件可检测鼠标在它上面做的动作，当鼠标经过或按下按钮元件时，将显示不同的动画。选择菜单"插入"→"新建元件"命令，在弹出的"创建新元件"对话框中选择类型为"按钮"，如图 6-10 所示，单击"确定"按钮，进入"按钮"元件编辑区。"按钮"元件的时间轴只有 4 帧，如图 6-11 所示，各帧的含义如下：

　　"弹起"：鼠标不在按钮的上面、不对按钮进行操作时，按钮将显示此帧的图形，即按钮通常的状态。

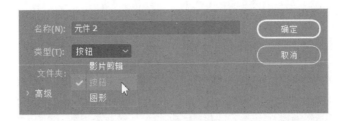

图 6-10 创建"按钮"元件

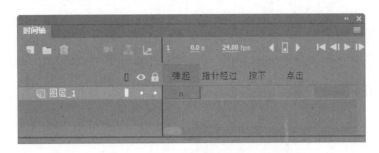

图 6-11 "按钮"元件的"时间轴"

"指针经过"：鼠标移动到图形上面或在单击帧定义的区域的上面时，按钮将显示此帧的图形。

"按下"：当鼠标单击图形或定义的区域时，将显示该帧的图形。

"点击"：定义鼠标做出反应的区域。播放动画时，此帧的图形是看不见的。当鼠标进入这个图形区域时，光标变为手形，并显示"指针经过"帧的图形；鼠标在此区域按下时，将显示"按下"帧的图形。如果在"点击"帧没有绘制图形，则鼠标的反应区域为"弹起"帧中的图形形状。

在前面动画的基础上制作一个按钮动画。动画效果：舞台上放置一个"锤"图形，鼠标移动到"锤"上时，"锤"图形变为"轮"图形，在"轮"上按下鼠标，"轮"快速旋转。

（1）新建文档。如图 6-1、图 6-2、图 6-3、图 6-4 所示分别建立"头""身""锤""轮"图形元件。创建影片剪辑元件，输入名称"旋转轮-影片剪辑"，从"库"面板将"轮"元件拖到编辑区，在 1~20 帧创建动画，动画形式为图形顺时针旋转 1 圈。

（2）选择菜单"插入"→"新建元件"命令，在弹出的"创建新元件"对话框中，选择类型为"按钮"，输入名称"旋转轮-按钮"，单击"确定"按钮，进入按钮元件编辑模式。

（3）单击"弹起"帧，从"库"面板上将"锤"元件拖到编辑区，如图 6-12 所示。

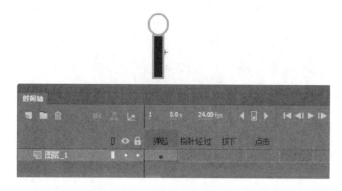

图 6-12　单击"弹起"帧

（4）右击"指针经过"帧，选择"插入空白关键帧"命令，从"库"面板上将"轮"元件拖到编辑区，如图 6-13 所示。

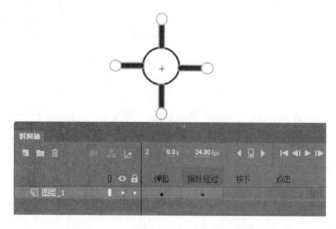

图 6-13　右击"指针经过"帧

（5）右击"按下"帧，选择"插入空白关键帧"命令，从"库"面板中将"旋转轮-影片剪辑"拖到编辑区。

（6）右击"点击"帧，选择"插入空白关键帧"命令，选择"椭圆工具"，填充颜色为任意，在中间画一个圆，其大小与"轮"图形相当，如图 6-14 所示。

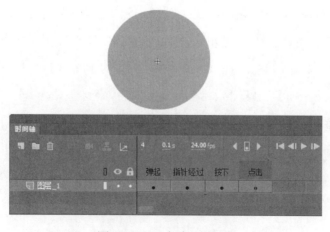

图 6-14　"点击"按钮

（7）单击"场景1"退出元件编辑模式。将"按钮"元件"旋转轮－按钮"拖到舞台上。选择菜单"控制"→"测试"命令，观看动画效果。

6.4 元件库

用于存放用户制作的元件、导入的图片、声音以及视频文件等。利用元件库可方便地编辑和组织元件。

6.4.1 库面板

选择菜单"窗口"→"库"命令，打开"库"面板，如图6-15所示。

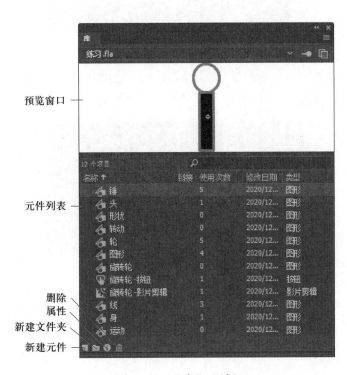

图6-15 "库"面板

预览窗口：单击元件列表窗口中的元件，在预览窗口显示该元件的缩略图。

元件列表：显示所有元件名称、修改时间、类型等属性，每个元件的左边都有一个表示元件类型的图标。

删除按钮：选中元件，单击此按钮，或者将元件拖到此按钮上可删除该元件。

属性按钮：选中元件，单击此按钮，弹出如图6-16所示"元件属性"对话框，在对话框中可更改元件的名称和类型。

新建文件夹：一个较大的动画，可能有几百个元件，查找和使用这些元件将变得很困

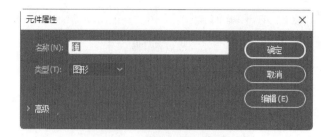

图 6-16 "元件属性"对话框

难。为了便于元件的管理，可以建立多个元件文件夹，将相同类别的元件放在同一个文件夹内。单击此按钮，将新建一个元件文件夹，如图 6-17 所示，输入元件文件夹名，按回车键确认。

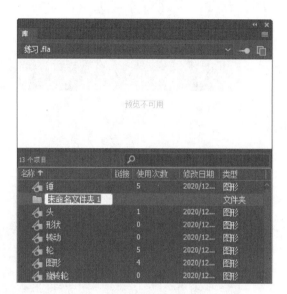

图 6-17 新建文件夹

新建元件：单击此按钮弹出"创建新元件"对话框，输入元件名称，选择元件类型，单击"确认"按钮，进入元件编辑状态。

6.4.2 管理元件

1. 编辑元件

在"库"面板的列表框中双击元件图标，即可进入元件编辑状态，完成后单击"场景1"，退出元件编辑状态。

2. 重命名元件

双击元件的名称，文件名处于编辑状态，输入新名称，按回车键确认，如图 6-18 所示。

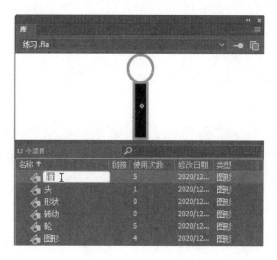

图 6-18 双击元件的名称，输入新名称

3. 使用快捷菜单编辑元件

右击其中一个元件，弹出快捷菜单，如图 6-19 所示。各菜单命令比较清楚，请读者自己验证，不再赘述。

图 6-19 编辑元件

6.5 元件和实例实训

实训 1 制作"生日快乐"贺卡

动画效果：燃烧的蜡烛围成一圈，"生日快乐"四个字在蜡烛的中央，文字不断变化着

透明度和大小，表达我们对朋友的生日祝福。动画包含"烛焰""烛身"和"生日快乐"三个元件：

（1）新建文档。选择菜单"修改"→"文档"命令，在对话框中设置舞台颜色为黑色，其他默认。

（2）选择菜单"插入"→"新建元件"命令，在弹出的"创建新元件"对话框中输入元件名称"烛焰"，元件类型为"图形"。单击"确定"按钮，进入元件编辑模式。

（3）单击"椭圆工具"，绘制一个椭圆。单击"颜料桶工具"，打开"颜色"面板，设置笔触颜色为"无"。设置填充色的颜色类型为"径向渐变"，如图 6-20 所示，其中左滑块的颜色为白色（#FFFFFF），右滑块的颜色为黄色（#E0E027）。从椭圆中心向下拖动鼠标，对椭圆进行填充，使黄色部分在下方，如图 6-21 所示。

图 6-20　烛焰的颜色设置　　　　　图 6-21　从椭圆中心向下拖动鼠标

（4）使用"任意变形工具"和"选择工具"调整椭圆为图 6-22 所示图形。单击"线条工具"，设置笔触颜色为黑色，画一条黑色的短线，将短线放在椭圆的底部，烛焰制作完毕。

（5）选择菜单"插入"→"新建元件"命令，输入元件名称"烛身"，类型为"图形"，单击"确定"按钮。选择"矩形工具"，在"颜色"面板中设置笔触颜色为"无"。设置填充色的颜色类型为"线性渐变"，如图 6-23 所示，其中左、右滑块的颜色为粉红色（#BA392C），中间的滑块的颜色为白色（#FFFFFF）。用"矩形工具"在舞台上绘制一个矩形，如图 6-24 所示，烛身制作完毕。

图 6-22　烛焰

图 6-23 "颜色"面板

图 6-24 烛身

（6）新建图形元件，输入名称"燃烧的蜡烛"，从元件库中拖出"烛焰"和"烛身"，将"烛焰"放置在"烛身"上面，形成蜡烛燃烧的样子。

（7）新建图形元件，输入名称"生日快乐"，单击"确定"按钮。单击"文本工具"，在"属性"面板上设置"字体颜色"为"红色"，"字体类型"为"黑体"。在编辑区输入"生日快乐"。单击左上角的"场景1"返回。

（8）打开"库"面板，多次将"燃烧的蜡烛"从元件库中拖到舞台上，再将"燃烧的蜡烛"沿舞台四周摆放成椭圆形状。在第20帧插入帧。

（9）新建"图层2"，单击"图层2"第1帧，将"生日快乐"元件拖到舞台上，调整其大小并放在蜡烛组成的圆形的中间，如图6-25所示。选中"生日快乐"，在"属性"面板上将"Alpha"值改为"50%"，如图6-26所示。

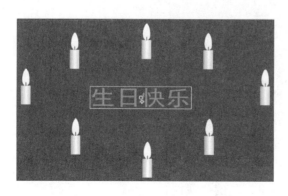

图 6-25 "生日快乐"放在蜡烛中间

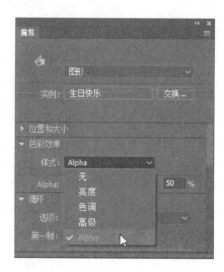

图 6-26 设置"Alpha"值

（10）在"图层2"的第10帧和20帧处插入关键帧。单击"图层2"的第10帧，选中"生日快乐"，在"属性"面板上将"Alpha"值改为"100%"。使用"任意变形工具"将"生日快乐"放大为原来的2倍。

（11）右击"图层2"第1帧，选择"创建传统补间"命令；同样操作，在"图层2"的10~20帧，"创建传统补间"。选择菜单"控制"→"测试"命令，观看动画效果。

实训2 制作 LOGO 标志

下面制作一个简单的网站 LOGO 标志。操作步骤如下：

（1）新建文档。单击菜单"修改"→"文档"命令，在"文档设置"对话框中设置宽为160像素，高为110像素，单击"确定"按钮。

（2）新建元件，输入名称"星"，类型为影片剪辑，单击"确定"按钮，进入元件编辑状态。选择文本工具，在"属性"面板上设置"颜色"为"蓝色"，"字体"为"宋体"，输入"*"。

（3）在第10帧插入关键帧。选择"任意变形工具"，将"*"放大，右击第1帧，选择"创建传统补间"命令。单击"场景1"返回。

（4）选择"多角星形工具"，打开"属性"面板，设置笔触颜色和填充颜色均为（#FF6600），单击"选项"按钮，在弹出的对话框中"样式"选择"多边形"，"边数"为"5"，如图6-27所示，单击"确定"按钮。在舞台上拖动鼠标，绘制一个五边形。

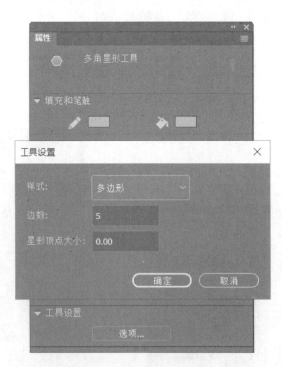

图6-27 "多角星形工具"的"属性"

（5）使用"选择工具"改变 5 边形的形状，呈星星的形状，如图 6-28 所示。在第 50 帧插入关键帧。

（6）新建"图层 2"。单击"图层 2"第 1 帧，打开"库"面板，将元件"星"拖入舞台，位置如图 6-29 所示。

图 6-28 绘制星星 　　　　图 6-29 将元件拖入舞台

（7）分别在"图层 2"的第 11、21、31、41 帧插入关键帧，每添加一个关键帧即添加一个"星"，各帧"星"位置如图 6-30 所示。

第 11 帧　　　　第 21 帧　　　　第 31 帧　　　　第 41 帧

图 6-30 各帧"星"的位置

（8）新建"图层 3"。选择"图层 3"第 1 帧，选择"文本工具"，设置"颜色"为"蓝色"，大小为"20"，输入"ANIMATE"，调整位置如图 6-31 所示。选择菜单"控制"→"测试"命令，观看 LOGO 的动画效果。

图 6-31 文字位置

实训3 制作行星运动

动画效果：地球带着旋转的月亮从左上角由远至近飞到舞台中央，停留一会儿，带着月亮从右上角飞向远方。

（1）新建文档。选择菜单"修改"→"文档"命令，设置舞台颜色为深蓝色（#000031）。

（2）新建元件，在弹出的"创建新元件"对话框中输入元件名称"地球"，选择类型为"影片剪辑"，单击"确定"按钮进入元件编辑模式。

（3）选择"椭圆工具"，在"颜色"面板上设置笔触为无，颜色类型为"径向渐变"，设置左滑块为浅红色，右滑块为深红色，如图6-32所示，在编辑区中心画一个圆。在第10帧插入帧。

（4）新建"图层2"。单击图层2第1帧，选择"椭圆工具"，在"颜色"面板中设置填充颜色类型为"径向渐变"，设置左滑块为白色，右滑块为黑色，在编辑区中间画一个灰色的小圆。在第10帧插入关键帧。右击第1帧，选择"创建传统补间"命令。

（5）右击图层2，选择"添加传统运动引导层"命令。选择"椭圆工具"，设置填充颜色为无，笔触颜色任意，在引导层第1帧画一个椭圆。选择"橡皮擦工具"，擦除一小段线条，使其变为不封闭状态，如图6-33所示。

图6-32 "颜色"面板

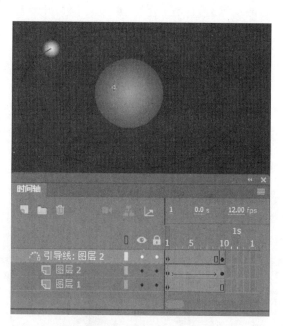

图6-33 添加传统运动引导层

（6）单击图层2第1帧，将小圆移至椭圆开始端；再单击图层2第10帧，将小圆移至椭圆结束端，使小圆沿着引导线运动。单击左上角的"场景1"，退出影片剪辑编辑窗口。

（7）打开"库"面板，将元件"地球"拖入舞台的左上角，选中舞台上的"地球"，打开"属性"面板，在"样式"选项中选择"Alpha"，数值设置为"20%"，如图 6-34 所示。选择"任意变形工具"，将"地球"缩小，如图 6-35 所示。

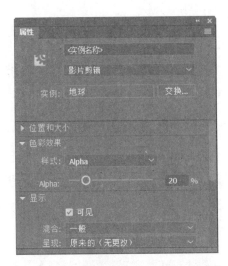

图 6-34　第 1 帧调整实例"地球"的"属性"

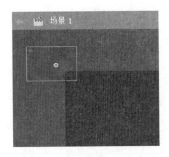

图 6-35　舞台左上角的"地球"

（8）在第 30 帧插入关键帧，将"地球"拖入舞台中央，打开"属性"面板，将"Alpha"数值设置为"100%"。使用"任意变形工具"将"地球"放大。

（9）在第 60 帧和第 90 帧插入关键帧，选择第 90 帧，将"地球"的位置调至舞台的右上角，打开"属性"面板，将"Alpha"数值设置为"20%"，使用"任意变形工具"，将元件缩小，如图 6-36 所示。

图 6-36　舞台右上角的"地球"

（10）右击第 1 帧，选择"创建传统补间"命令。右击第 60 帧，选择"创建传统补间"命令，建立运动渐变时间轴，如图 6-37 所示。选择菜单"控制"→"测试"命令，观看动画效果。

图 6-37　建立运动渐变时间轴

实训 4　制作特效按钮

动画效果：窗口上显示一个红色的按钮，鼠标移动到按钮上时，出现一个小球围绕按钮转动，按下鼠标时，小球消失，按钮变成灰色。具体操作步骤如下：

（1）新建文档。新建元件，输入名称"特效"，类型为"影片剪辑"，单击"确定"按钮，进入元件编辑状态。

（2）选择"椭圆工具"，设置笔触颜色为无，填充颜色为蓝色，画一个蓝色的小球。在第20帧插入关键帧。右击第1帧，选择"创建传统补间"命令。

（3）右击"图层1"，选择"添加传统运动引导层"命令。单击引导层第1帧，选择"椭圆工具"，设置填充色为无，笔触颜色为黑色，在编辑区画一个圆，用"橡皮擦工具"把圆擦出一小缺口。

（4）选择"图层1"的第1帧，将小球移至轨迹的一端，如图6-38所示。单击第20帧，将小球移至轨迹的另一端。

（5）新建元件，输入名称"特效按钮"，类型为"按钮"，单击"确定"按钮，进入编辑状态。选择"矩形工具"，打开"属性"面板，设置笔触颜色为无，填充颜色为红色，矩形边角半径为"20"，如图6-39所示，在弹起帧画一个矩形，如图6-40所示。

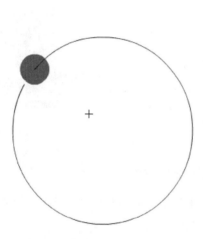

图6-38 移动小球至轨迹上　　　　　　图6-39 "属性"面板

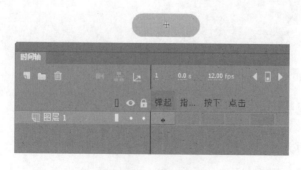

图6-40 画矩形

（6）在"指针经过"帧、"按下"帧和"点击"帧插入关键帧。单击"指针经过"帧，选择"按钮"图形，打开"属性"面板，将颜色改为黄色。打开"库"面板，将影片剪辑元件"特效"拖至"按钮"附近，如图 6-41 所示。

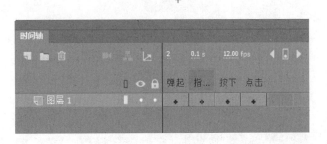

图 6-41　"指针经过"帧

（7）单击"按下"帧，选择编辑区上的"按钮"，在"属性"面板上将它的颜色改为灰色。单击"场景 1"返回。从元件库中将元件"特效按钮"拖到舞台上，选择菜单"控制"→"测试"命令，观看动画效果。

巩固与提高

1. 制作动画：一些大小与颜色不同的鱼在淡蓝色的水中游动。
2. 制作动画：在广阔的草原背景下，五个排成人字形的大雁从画面的左侧向右侧飞去。
3. 制作动画：飘扬的红旗冉冉升起。提示：红旗飘扬的效果可以用遮罩效果实现。
4. 制作动画：在广袤的夜色中有许多星星在闪烁，间或有流星划过夜空。
5. 制作一个圆形按钮。在一般状态时，按钮显示为红色；鼠标经过时显示文字"点我啊"；单击时，显示一朵盛开的鲜花。

第**7**章
3D 动画、骨骼运动和脚本语句

7.1 3D 动画

7.1.1 透视基础

当我们观察景物时，由于距离和位置不同，物体的形态发生改变产生近大远小的现象，这就是透视现象。在平面上通过改变物体尺寸表现物体在空间上的远近的方法称为透视法。透视法为我们提供了一种增加空间纵深感的方法，能更逼真地表现物体在立体空间中的位置和尺寸。

透视的一个基本规律是相互平行又向远延伸的直线会在一点消失，如图 7-1 所示，这一点称为消失点。两条视线与视点构成的夹角称为透视角，如图 7-2 所示。

Animate 是一个二维动画制作软件，它的坐标原点在舞台的左上方，水平方向为 X 轴，向右为正，向左为负；垂直方向为 Y 轴，向下为正，向上为负。如果要在平面上表现图

图 7-1 透视现象

形的立体效果，需要根据透视学原理，计算图形各点在平面上的位置，形成立体效果。例如，在平面上绘制一个立方体，首先测量立方体各边的实际长度，再结合透视角度和消失点，计算立方体各边投射到平面上的长度和倾斜角度，根据计算结果绘制各条线段，最后形成立方体图形的透视效果，如图 7-3 所示。这种计算是十分复杂和繁琐的。

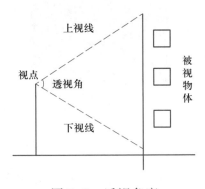

图 7-2　透视角度

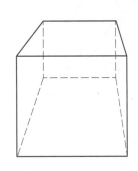

图 7-3　立方体

Animate 提供了一个 Z 轴的概念，用户只需要提供对象的 Z 轴坐标，由系统根据透视原理，自动计算立体对象的坐标（XYZ 值）投射到平面上后的平面坐标值（XY 值），形成立体效果，减轻了用户制作立体图形的工作量。Z 轴方向垂直于屏幕，向屏幕里为正，向屏幕外为负。

7.1.2　修改对象的 3D 属性

只有影片剪辑元件有 Z 轴选项，为了便于讲解，我们先制作一个简单的影片剪辑。

选择菜单"插入"→"新建元件"命令，选择类型为"影片剪辑"，单击"确定"按钮，进入元件编辑区。选择"矩形工具"，在"颜色"面板上设置填充的颜色类型为"线性渐变"，适当调整矩形的填充颜色，拖动鼠标在编辑区绘制一个矩形，单击"场景 1"返回。打开"库"面板，拖出新建的影片剪辑到舞台上，如图 7-4 所示。

图 7-4　拖出影片剪辑

可通过"变形"面板、"属性"面板、"3D 旋转工具"和"3D 平移工具"改变 Z 轴的属性。

1. "变形"面板

选择菜单"窗口"→"变形"命令，打开"变形"面板，如图 7-5 所示。其中"3D 旋转"选项是对对象进行三维空间的旋转。在 X 文本框中输入"45"，对象绕 X 轴转动 45°，如图 7-5 所示。在 Y 文本框中输入"45"，则绕 Y 轴转动 45°，如图 7-6 所示。在 Z 文本框中输入"45"，则绕 Z 轴转动 45°，如图 7-7 所示。

图 7-5 绕 X 轴转动 45°   图 7-6 绕 Y 轴转动 45°

2."属性"面板

选择"影片剪辑"，打开"属性"面板，在"属性"面板上出现了 Z 轴选项，如图 7-8 所示。

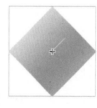   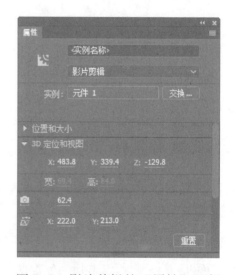

图 7-7 绕 Z 轴转动 45°   图 7-8 影片剪辑的"属性"面板

根据透视原理，距离人眼越近，对象显示的尺寸越大；距离人眼越远，对象显示的尺寸越小。将矩形的 Z 值改为"100"，矩形向屏幕里移动，与人眼的距离远了，显示的尺寸变小，如图 7-9 所示。将矩形的 Z 值改为"−100"，矩形向屏幕外移动，显示的尺寸变大，如图 7-10 所示。

图 7-9 Z 值设置为"100"

图 7-10　Z 值设置为"-100"

将一个矩形绕 Y 轴转动 45°，在"属性"面板上更改透视角度。透视角度较小时，效果如图 7-11 所示；透视角度较大时，效果如图 7-12 所示。

图 7-11　透视角度较小

图 7-12　透视角度较大

透视的"消失点"默认在舞台的中央，可通过"属性"面板改变消失点的坐标，改变 X 或 Y 文本框的数值，舞台上出现一条水平线和一条垂直线，它们的交点即为消失点，如图 7-13 所示，改变"消失点"的坐标，将改变透视效果。

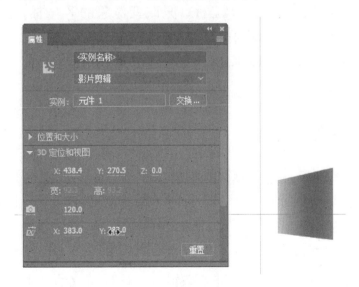

图 7-13　消失点 XY 坐标

3. 3D 旋转工具

工具栏上的"3D 旋转工具"可让对象绕 XYZ 三维坐标轴旋转。选择"3D 旋转工具"，如图 7-14 所示，单击舞台上的影片剪辑对象，图形上出现了 1 个十字和 2 个同心圆，如图 7-15 所示。鼠标拖动垂直线，矩形绕 X 轴转动；拖动水平线，矩形绕 Y 轴转动；拖动内圆，矩形绕 Z 轴转动；拖动外圆，上下移动鼠标，矩形绕 X 轴转动；左右移动鼠标，矩形绕 Y 轴转动，如图 7-16 所示。

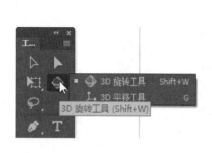

图 7-14 选择"3D 旋转工具"

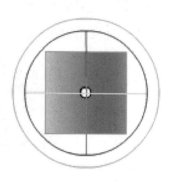

图 7-15 使用"3D 旋转工具"选择图形

   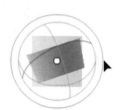

绕X轴转动   绕Y轴转动   绕Z轴转动   绕XY轴转动

图 7-16 3D 旋转

4. 3D 平移工具

"3D 平移工具"不改变对象的 XY 坐标，只改变对象的 Z 坐标，选择"3D 平移工具"，如图 7-14 所示，光标移到影片剪辑"矩形"的中心上，光标下出现字母 Z，如图 7-17 所示。向上拖动矩形，Z 坐标增加，矩形变小；向下拖动矩形，Z 坐标减小，矩形变大。

图 7-17 3D 平移

7.1.3 三维旋转的文字

动画效果：窗口上有 4 行文字，鼠标移动到第 1 行字，文字绕 X 轴转动；鼠标移动到第 2 行字，文字绕 Y 轴转动；鼠标移动到第 3 行字，文字绕 Z 轴转动；鼠标移动到第 4 行字，文字任意转动。操作步骤如下：

（1）新建文档。选择菜单"插入"→"新建元件"命令，输入名称"X 轴文字"，类型为"影片剪辑"，单击"确定"按钮，进入编辑区。选择"文本工具"，在编辑区输入"X 轴转动"，如图 7-18 所示。

X轴转动

图 7-18　输入文字

（2）新建元件，输入名称"X 轴转动"，类型为"影片剪辑"，单击"确定"按钮。打开"库"面板，将"X 轴文字"拖入编辑区。右击第 1 帧，选择"创建补间动画"命令。右击第 29 帧，选择"插入关键帧"→"全部"命令，采用同样的方法，分别在第 30、31、60 帧右击，并选择"插入关键帧"→"全部"命令。

（3）单击第 29 帧，打开"变形"面板，单击编辑区上的文字，在"3D 旋转"栏中的"X"文本框中输入"177"，如图 7-19 所示。

图 7-19　转动效果及时间轴（绕 X 轴旋转）

（4）单击第 30 帧，单击文字，在"X"文本框中输入"180"。单击第 31 帧，单击文字，在"X"文本框中输入"183"。单击第 60 帧，单击文字，在"X"文本框中输入"357"。按回车键，可以看到文字绕 X 轴转动。

（5）新建元件，输入名称"Y 轴文字"，类型为"影片剪辑"，单击"确定"按钮。选择"文本工具"，在编辑区输入"Y 轴转动"。

（6）新建元件，输入名称"Y 轴转动"，类型为"影片剪辑"，单击"确定"按钮。打开"库"面板，将"Y 轴文字"拖入编辑区。右击第 1 帧，选择"创建补间动画"命令。分别在第 29、30、31、60 帧右击，并选择"插入关键帧"→"全部"命令。

（7）单击第 29 帧，在"变形"面板的"3D 旋转"栏中的"Y"文本框中输入"177"。单击第 30 帧，"变形"面板的"Y"文本框中输入"180"。单击第 31 帧，"变形"面板的

"Y"文本框中输入"183"。单击第60帧，"变形"面板的"Y"文本框中输入357。按回车键，可看到文字绕Y轴转动。转动效果及时间轴如图7-20所示。

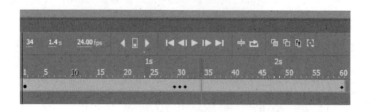

图7-20 转动效果及时间轴（绕Y轴旋转）

（8）新建元件，输入名称"Z轴文字"，类型为"影片剪辑"，单击"确定"按钮。在编辑区输入文字"Z轴转动"。新建影片剪辑元件，输入名称"Z轴转动"，单击"确定"按钮。打开"库"面板，将"Z轴文字"拖入编辑区。右击第1帧，选择"创建补间动画"命令。分别在第29、30、31、60帧右击，并选择"插入关键帧"→"全部"命令。

（9）单击第29帧，在"变形"面板的"3D旋转"栏中的"Z"文本框中输入"177"。单击第30帧，"变形"面板的"Z"文本框中输入"180"。单击第31帧，"变形"面板的"Z"文本框中输入"183"。单击第60帧，"变形"面板的"Z"文本框中输入"357"。按回车键，可看到文字绕Z轴转动。转动效果及时间轴如图7-21所示。

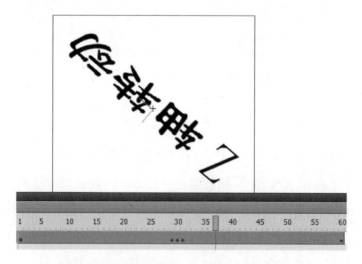

图7-21 转动效果及时间轴（绕Z轴旋转）

（10）新建元件，输入名称"任意文字"，类型为"影片剪辑"，单击"确定"按钮。输入文字"任意转动"。右击第1帧，选择"创建补间动画"命令，右击第10帧，选择"插入关键帧"→"全部"命令，单击第10帧。选择"3D旋转工具"，拖动文字，分别绕X轴、

Y 轴和 Z 轴任意转动一个角度，如图 7-22 所示。

图 7-22　分别绕 X 轴、Y 轴和 Z 轴转动一个角度

（11）依次在第 20 帧、30 帧、40 帧、50 帧、60 帧插入关键帧，在各关键帧使用"3D 旋转工具"将文字在三维方向转动任意角度。在第 60 帧将文字恢复到初始状态。

（12）新建元件，输入名称"X 轴按钮"，类型为"按钮"，单击"确定"按钮。从"库"面板中将"X 轴文字"拖入编辑区。右击"指针经过"帧，选择"插入空白关键帧"命令。从"库"面板上将"X 轴转动"拖出。单击时间轴的"绘图纸外观"按钮，显示两帧的图形，如图 7-23 所示，调整文字的位置，使两帧的文字重合。

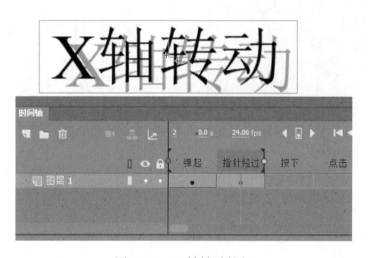

图 7-23　X 轴转动按钮

（13）新建按钮元件，输入名称"Y 轴按钮"，单击"确定"按钮。从"库"面板中将"Y 轴文字"拖入编辑区。右击"指针经过"帧，选择"插入空白关键帧"命令。从"库"面板上将"Y 轴转动"拖出。调整文字的位置，使两帧的文字重合。

（14）新建按钮元件，输入名称"Z 轴按钮"，单击"确定"按钮。从"库"面板中将"Z 轴文字"拖入编辑区。右击"指针经过"帧，选择"插入空白关键帧"命令。从"库"面板上将"Z 轴转动"拖出。调整文字的位置，使两帧的文字重合。

（15）新建按钮元件，输入名称"任意按钮"，单击"确定"按钮。从"库"面板中将"任意文字"拖入编辑区。右击"指针经过"帧，选择"插入空白关键帧"命令。从"库"面板上将"任意转动"拖出。调整文字的位置，使两帧的文字重合。制作完成后的库面板如图 7-24 所示。

（16）单击"场景 1"返回。从库面板上分别将"X 轴转动""Y 轴转动""Z 轴转动"和"任意转动"拖入舞台，并排列整齐，如图 7-25 所示。

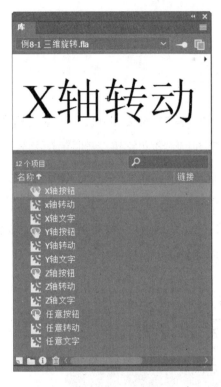

图 7-24 库面板

图 7-25 排列整齐

（17）按组合键"Ctrl+Enter"观看效果，鼠标移动到"X 轴转动"文字上，文字"X 轴转动"开始绕 X 轴转动；移动到"Y 轴转动"文字上，文字绕 Y 轴转动，依此类推。

7.2 骨骼运动

7.2.1 骨骼运动简介

"骨骼工具"可将图形连接起来，形成骨架，当某个骨块移动时，其他连接的骨块就会按照骨块之间的关系进行移动，从而创建逼真的人体动作。

选择菜单"插入"→"新建元件"命令，选择类型为"图形"，单击"确定"按钮。使用"矩形工具"画一个矩形，单击"场景 1"返回。从"库"面板上 4 次拖动新建的元件到舞台上，并摆放一行。单击"骨骼工具"，如图 7-26 所示。在第 1 个图形上按下鼠标并拖向第 2 个图形，再从第 2 个图形拖向第 3 个图形，从第 3 个图形拖向第 4 个图形，建立骨骼如图 7-27 所示。

图 7-26　骨骼工具　　　　　　　　　　图 7-27　建立骨骼

单击"选择工具"，拖动某一个图形，其他的图形就像被链接到一起，随之移动、旋转，如图 7-28 所示。

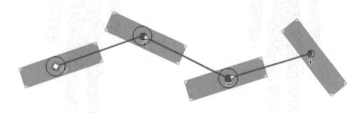

图 7-28　骨骼运动

7.2.2　火柴人

动画效果：由几个简单的图形组成一个人的形状，称为"火柴人"，制作"火柴人"做广播体操的动画。

（1）新建文档。选择菜单"插入"→"新建元件"命令，输入名称"身体"，类型为"图形"，单击"确定"按钮，进入编辑状态。选择"矩形工具"，设置笔触颜色为无，填充颜色为黑色，画一个细长条，如图 7-29 所示。

（2）新建元件，输入名称"头"，类型为"图形"，单击"确定"按钮。选择"椭圆工具"，画一个圆。

（3）新建元件，输入名称"胯"，类型为"图形"，单击"确定"按钮，画一个椭圆，如图 7-30 所示。

图 7-29　细长条　　　　　　图 7-30　椭圆

（4）单击"场景 1"返回。从"库"面板上拖动多个"身体"元件到舞台上，拖动"头"和"胯"到舞台上，调整各个图形的位置和尺寸，形成人的形状，如图 7-31 所示。

（5）单击"骨骼工具"，依次建立头到胸、胸到头、胸到胯、胸到左右上臂、左上臂到左下臂、右上臂到右下臂、胯到左右大腿、左大腿到左小腿、右大腿到右小腿的连接，如图 7-32 所示。

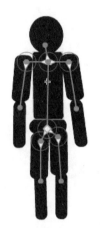

图 7-31　组成"火柴人"的形状　　图 7-32　建立所有连接

（6）建立完骨骼后，系统自动建立了一个"骨架_2"图层，"图层 1"上的所有图像移至"骨架_2"图层。右击第 15 帧，选择"插入姿势"命令，如图 7-33 所示。

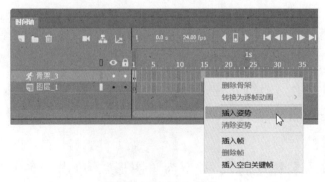

图 7-33　插入姿势

（7）调整"火柴人"的上肢和右腿的位置，如图 7-34 所示。

（8）右击第 25 帧，选择"插入帧"命令。右击第 40 帧，选择"插入姿势"命令，调整"火柴人"的形状，如图 7-35 所示。

图 7-34　调整图形位置　　　　　图 7-35　调整第 40 帧的形状

（9）右击第 50 帧，选择"插入帧"命令。右击第 65 帧，选择"插入姿势"命令，调整"火柴人"的形状，如图 7-36 所示。

图 7-36　调整第 65 帧的形状

（10）右击第 75 帧，选择"插入帧"命令。右击第 90 帧，选择"插入姿势"命令，调整"火柴人"姿势，恢复原始状态。右击第 100 帧，选择"插入帧"命令。

（11）按快捷键"Ctrl+Enter"播放动画，可以看到"火柴人"在做广播操。

7.3　动作脚本语言

7.3.1　什么是动作脚本语言

　　通过前面的学习，我们已经可以制作出许多精美的动画，但这只是 Animate 制作动画的一部分功能。它还提供了功能强大的动作脚本（ActionScript）语言，简称 AS 语言。通过动作脚本编程技术，使 Animate 具有了人机交互功能。动画会根据用户的指令，完成对象的移动、变色、变形、画面跳转等任务。用户不再是单纯地欣赏动画，还可通过键盘和鼠标控制动画的播放流程。在 Internet 上大量的 Animate 游戏，都是通过动作脚本语言来完成的。

　　Animate 最新的动作脚本语言为 ActionScript 3.0，它是一种完全面向对象的编程语言，功能强大，类库丰富。脚本语言类似于 C 语言，每一条语句用分号(;)表示结束。区分英文的大小写，即使是同一个单词，采用不同的大小写，代表的含义不同。读者应严格按照英文大小写规则输入语句，并且所有的数字和符号都是英文格式。

　　动作脚本程序是在"动作"面板中编写调试的，单击某一帧，选择菜单"窗口"→"动作"命令，打开"动作"面板，如图 7-37 所示。

图 7-37　"动作"面板

　　动作脚本的语句非常多，在一般动画中常用停止播放、继续播放、重新开始等功能。下面给出几个常用的命令：

　　停止播放：stop( )；

　　继续播放：play( )；

　　跳到第 n 帧，开始播放：gotoAndPlay(n)；

　　跳到第 n 帧，停止播放：gotoAndStop(n)；

7.3.2 停止和开始动画

在前面学习中，制作的动画在播放完毕之后又会回到第1帧重新开始播放，循环往复。在很多情况下我们要求动画在播放完之后自动停下来，下面通过动作脚本完成这个功能。

（1）打开上节制作的"火柴人"动画。如图7-38所示，单击"图层1"的第100帧插入关键帧，选中第100帧，选择菜单"窗口"→"动作"命令，打开"动作"面板，输入命令：

stop( ) ;

图 7-38 输入命令

（2）在时间轴上的第100帧处出现了一个字母"a"，如图7-39所示，表明在该帧添加有一个动作。选择菜单"控制"→"测试"命令，可看到动画播放结束后自动停止，不再重复播放。依此类推，可将stop命令其添加在任一关键帧，使动画在该帧停止播放。

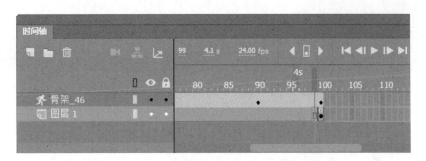

图 7-39 在快捷菜单中选择"动作"

（3）为了让动画能够继续运行，须在舞台上添加一个按钮，动画停止后，单击此按钮动画继续运行。选择菜单"插入"→"新建元件"命令，输入名称"play"，类型为"按钮"，单击"确定"按钮，进入元件编辑区。选择"矩形工具"，设置笔触颜色为无，填充颜色为灰色，绘制一个矩形。选择"文本工具"，设置填充颜色为白色，在编辑区输入文字"Play"，将文字拖入矩形框内并调整大小和比例，如图7-40所示。

（4）单击"场景1"返回。单击"图层1"的第100帧，从"库"面板上将元件"play"拖入舞台，打开"属性"面板，选中舞台上的"play"按钮，在"属性"面板的"实例名称"对话框中输入"st"，即给此按钮定义一个名称，如图7-41所示。

图7-40　更改文字大小比例　　　　　　　图7-41　实例名称为"st"

（5）打开"动作"面板，在原来的语句后面添加语句，如图7-42所示。

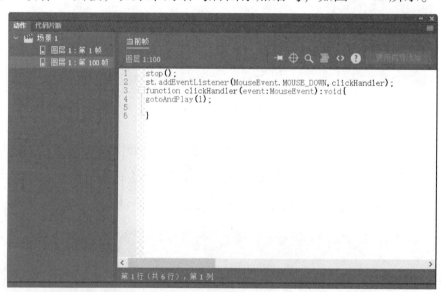

图7-42　"动作"面板

（6）至此完成按钮脚本语句的制作，按快捷键"Ctrl+Enter"测试影片，可看出"火柴人"做完体操后，动画停止播放，单击"play"按钮，动画再次开始播放。

按钮脚本语句各命令单词的含义如下：

st：按钮实例名称。

addEventListener：添加事件侦听器。

MOUSE_DOWN：鼠标按下。

clickHandler：自定义的函数名称。

function：函数。

event：事件。

MouseEvent：鼠标事件。

void：无效的。

gotoAndPlay（1）：跳到第 1 帧并开始播放。

巩固与提高

1. 导入 6 张大小相同的图片，改变每一张图片的 *XYZ* 坐标，使这 6 张图片组成一个正立方体。建立动画，使正立方体在舞台上翻滚。

2. 制作一条尾巴，让尾巴在空中自由摆动。

3. 在一个动画上添加 2 个按钮，一个按钮显示"停止"，另一个按钮显示"开始"，在动画播放时，单击"停止"按钮，动画停止播放；单击"开始"按钮，动画继续播放。其中，停止播放动画的语句是"stop（）；"继续播放动画的语句是"play（）；"。

郑重声明

高等教育出版社依法对本书享有专有出版权。任何未经许可的复制、销售行为均违反《中华人民共和国著作权法》，其行为人将承担相应的民事责任和行政责任；构成犯罪的，将被依法追究刑事责任。为了维护市场秩序，保护读者的合法权益，避免读者误用盗版书造成不良后果，我社将配合行政执法部门和司法机关对违法犯罪的单位和个人进行严厉打击。社会各界人士如发现上述侵权行为，希望及时举报，本社将奖励举报有功人员。

反盗版举报电话　　(010)58581999　58582371　58582488

反盗版举报传真　　(010)82086060

反盗版举报邮箱　　dd@hep.com.cn

通信地址　北京市西城区德外大街4号　高等教育出版社法律事务与版权管理部

邮政编码　100120

防伪查询说明

用户购书后刮开封底防伪涂层，利用手机微信等软件扫描二维码，会跳转至防伪查询网页，获得所购图书详细信息。也可将防伪二维码下的20位密码按从左到右、从上到下的顺序发送短信至106695881280，免费查询所购图书真伪。

反盗版短信举报

编辑短信"JB，图书名称，出版社，购买地点"发送至10669588128

防伪客服电话

(010)58582300

学习卡账号使用说明

一、注册/登录

访问 http://abook.hep.com.cn/sve，点击"注册"，在注册页面输入用户名、密码及常用的邮箱进行注册。已注册的用户直接输入用户名和密码登录即可进入"我的课程"页面。

二、课程绑定

点击"我的课程"页面右上方"绑定课程"，正确输入教材封底防伪标签上的20位密码，点击"确定"完成课程绑定。

三、访问课程

在"正在学习"列表中选择已绑定的课程，点击"进入课程"即可浏览或下载与本书配套的课程资源。刚绑定的课程请在"申请学习"列表中选择相应课程并点击"进入课程"。

如有账号问题，请发邮件至：4a_admin_zz@pub.hep.cn。